U0206219

中华茶百戏

茶汤幻变的千年绝技

章志峰 章业成 著

西南交通大学出版社

成都

图书在版编目（CIP）数据

中华茶百戏：茶汤幻变的千年绝技／章志峰，章业
成著. —成都：西南交通大学出版社，2018.8（2023.5 重印）
（宋人的生活艺术）
ISBN 978-7-5643-6318-5

Ⅰ. ①中… Ⅱ. ①章… ②章… Ⅲ. ①茶文化 – 中国
Ⅳ. ①TS971.21

中国版本图书馆 CIP 数据核字（2018）第 177289 号

宋人的生活艺术

中华茶百戏——茶汤幻变的千年绝技
ZHONGHUA CHABAIXI　CHATANG HUANBIAN DE QIANNIAN JUEJI

章志峰　章业成　著

出 版 人	阳　晓
责 任 编 辑	张慧敏
封 面 设 计	曹天擎
出 版 发 行	西南交通大学出版社 （四川省成都市金牛区二环路北一段 111 号 西南交通大学创新大厦 21 楼）
发 行 部 电 话	028-87600564　028-87600533
邮 政 编 码	610031
网　　　址	http://www.xnjdcbs.com
印　　　刷	成都市金雅迪彩色印刷有限公司
成 品 尺 寸	170 mm×230 mm
印　　　张	7
字　　　数	111 千
版　　　次	2018 年 8 月第 1 版
印　　　次	2023 年 5 月第 5 次
书　　　号	ISBN 978-7-5643-6318-5
定　　　价	36.00 元

序一

欣闻志峰的《茶百戏：复活的千年茶艺》经过两年准备，即将出版，这是茶界的一件喜事，作为百岁茶人，特此表示祝贺！

中华茶文化博大精深，流传于宋代的点茶法和分茶技艺就是茶文化的一朵奇葩，可惜数百年来该文化在中国未见踪迹。欣喜的是志峰经过几十年孜孜不倦地探索，终于在 2009 年恢复再现了这一珍贵文化遗产，填补了茶文化研究领域的一个空白。

茶百戏历史悠久，现代茶百戏探索之路曲折而漫长。作者章志峰 1984 年毕业于福建农业大学茶学专业之际，就怀着强烈的兴趣开始了对茶百戏漫漫的探索历程。但由于当时国内点茶法的研究还是个空白点，人们对分茶的认识仅限于古籍上的描述，茶汤中图案如何形成一直是个谜，研究工作几经中断。直到 1997 年，志峰到日本留学（研修）期间才从日本抹茶道中初步了解点茶法。2004 年，受外交部选派，志峰作为茶学专业的国际交流员再次到日本讲授中国茶文化，期间系统学习了日本茶道里千家流。他从日本茶道的点茶法和点茶工具中得到启发，从 2005 年开始深入研究，起初采用现有茶叶原料加工后进行点茶分茶试验，没有成功。但他并没有气馁，随后又通过对茶树品种、栽培管理、采摘、蒸青团饼茶的制作、抹茶加工、点茶和分茶技巧进行了几百次的对比试验,终于在2009年春恢复了失传已久的分茶技艺。最初,他尝试在绿茶汤中形成图案,随后扩展到红茶、黄茶、白茶、乌龙茶、黑茶等各种茶类。图案保留的时间也从古代的瞬间延长到两至四小时。同时,为提高观赏性,志峰还采用茶百戏作品和插花等景物相配,表现中国传统图案的丰富内涵,如"龙凤呈祥""喜上眉梢",等等。如今,茶百戏已成为欣赏和品饮兼备、点茶法和泡茶法并用的新型茶文化产品。

茶百戏自研发成功后就深受社会各界关注,先后接受中央电视台、台湾东森电视台、台湾中天电视台等媒体采访。2010年在元旦茶会上我有幸平生第一次亲眼观赏到这一中华绝技,当时在绿茶汤中显现的"吉祥"二字引起在场茶人的一片喝彩。2011年4月20日在福州的品茶日活动上,志峰的茶百戏又成了大家关注的焦点,我有幸再次目睹了在红茶汤中显现的"吉祥如意"图,让我感到志峰的茶百戏技艺有了新的突破,真为他感到高兴。如今,本书就是志峰向世人展示中华点茶、分茶文化的一部优秀的普及性读物,在此,我郑重地向大家推荐。

本书是以图文形式系统介绍点茶、茶百戏的历史,研发过程,历代茶百戏的诗词、故事,点茶分茶演示工具,演示过程和茶百戏的作品,是实用性、资料性、艺术欣赏性、学术性兼具的资料,让世人可以系统直观地了解中国茶文化的精粹。该书是顺应新世纪茶文化发展要求的产物，是研究宋代茶文化的重要资料，也是广大茶叶生产、销售、教学、研究人员和广大茶文化爱好者了解中国茶文化的参考资料。

张天福

2011.6.19

注：该序是张老对章志峰先生出版的第一本有关茶百戏的书所作的序言。

欣闻志峰的《中华茶百戏——茶汤幻变的千年绝技》在原著基础上经过几年研究和实践，内容进一步充实，即将出版，这是茶界的一件喜事，特此表示祝贺！

茶百戏是历史上盛行于闽北武夷山一带的经典文化，通过茶汤幻变的方式来表现生动的图案。茶百戏典籍资料丰富，但在很长的一段时间里这门技艺只是静悄悄地躺在古籍里。令人欣喜的是，章志峰通过二十多年孜孜不倦的探索和大量的实践终于在2009年将它唤醒。

章志峰1984年毕业于福建农业大学园艺系茶叶专业(本科四年制)，大学期间初次了解茶百戏源于古籍记载。他为了研究茶百戏首先从点茶法入手，为了探索点茶法两度到日本留学，通过学习日本茶道追溯中国的点茶法。回国后，他通过原料团饼茶加工和点茶技法的不断实践，终于恢复了这门技艺，采用"下汤运匕"的方法使茶汤幻变出形象生动的山水花鸟图案。

茶百戏的恢复受到茶界泰斗张天福等大批学者的关注，2010年我到武夷山期间有幸第一次看到了茶百戏，2013年在吴觉农茶学思想研讨会上我有幸再次看到了茶百戏，这次运用的原材料从原有的绿茶类扩大到六大茶类，表现的图案也更为丰富和生动。目前，茶百戏已列入福建省非物质文化遗产，接受了中央和地方各级领导以及大批国内外来宾的考察。志峰在浙江大学、中国农业大学、南京农业大学、福建农业大学等八所大学开办了四十多场公益讲座，同时专业、系统地培养了全国各地许多学员，在国内乃至世界各地都开展了茶百戏宣传推广活动。茶百戏作为一项珍贵的传统技艺，活态传播于民间，为此，我由衷地表示祝贺。

《中华茶百戏——茶汤幻变的千年绝技》以图文形式系统介绍茶百戏的概念、历史、特点、研究历程、核心价值、艺术特征以及原料加工、演示过程，便于人们较直观学习了解茶百戏，是适用性、资料性、艺术欣赏性、学术性兼备的资料。该书是顺应茶文化发展要求的产物，是研究宋代茶文化的重要资料，也是茶叶生产、销售、教学、研究以及茶文化爱好者了解中国茶文化的重要参考资料。在此，我郑重向大家推荐。

刘勤晋

2017 年 11 月

序三

欣闻志峰的茶百戏专著即将出版，特此表示祝贺。

我和志峰是福建农业大学茶叶专业 80 级同学。志峰在农大学习期间无意中查阅到茶百戏的典籍，二十多年来参照古籍记载，对茶百戏历史典籍、原料加工（研膏茶）和技法进行了大量的研究和实践。令人欣喜的是，2009 年他终于恢复重现茶百戏。

2009 年，我到武夷山期间，恰逢中央电视台采访章志峰演示茶百戏，在节目拍摄现场，我目睹了志峰注汤到茶汤表面幻变文字和图案的一幕。2010 年中央电视台再次采访了章志峰，他再次演示了注汤幻变文字的过程。2012 年后，为了更丰富地表现茶百戏的内涵，章志峰将茶百戏的表现技法由直接注汤幻茶逐步过渡到"下汤运匕"，我多次观看了章志峰通过注汤和茶匕搅动的方法使茶汤幻变出生动具体的图案，令人欣慰。

志峰本着尊重古籍、严谨认真和科学求真的精神研究茶百戏，令人尊重。茶百戏恢复之后，章志峰为了进一步认证所恢复的茶百戏就是古籍中记载的茶百戏，和福建农业大学詹梓金教授以及其他专家学者不断交流、探讨，从原料、方法、特征等方面和古籍进行反复对比认证，证实了所恢复的茶百戏和古籍记载一致后，才对外公开发布。

通过研究茶百戏，章志峰首次揭示了中国古代用气体幻变图案的原理，并首次提出茶汤悬浮液是幻变图案基础的理论。2010年我对志峰的首篇茶百戏论文进行指导后，论文在《中国茶叶》上发表。2011年茶百戏技艺申报国家发明专利保护，茶百戏相关技术在国家发明专利网公开。

章志峰不仅恢复了茶百戏技艺，也解答了过去人们对点茶、斗茶和茶百戏的疑惑，纠正了人们对点茶、茶百戏的一些错误认知，这对于正确认知点茶、斗茶和茶百戏，具有重要意义。

志峰通过科学实践，真正地揭示了茶百戏的核心特征是注汤幻变（即在茶汤表面注入透明的水使茶汤幻变）图案，不同于咖啡拉花采用不同颜色叠加的方法。同时，志峰揭示了茶百戏是中国历史上用气体材料（茶汤悬浮液）幻变图案的唯一方式。本着尊重历史和科学事实的态度，章志峰是茶百戏恢复第一人，他所恢复的茶百戏才是历史记载中的茶百戏。

茶百戏是点茶文化的突出代表，历史上深受皇帝和文人的推崇，也是古代文人生活艺术化的具体体现。茶百戏的恢复重现不仅是茶界的喜事，也是艺术界的喜事，为艺术界增添了用气体表现图案的新方式。

茶百戏作为非遗文化，幻变图案是其独特的文化基因。茶百戏是可以吃的字画，是点茶、斗茶的有机融合，丰富了我们的生活。

《中华茶百戏——茶汤幻变的千年绝技》较系统地介绍了茶百戏的概念、历史、特征、原料加工和表达技法，是研究宋代茶文化的重要资料，也是茶叶研究、教学和茶文化爱好者们了解中国茶文化的重要参考资料。

李远华

2018 年 4 月

目 录

C O N T E N T S

第一章 茶百戏的历史和渊源

第一节 茶百戏的历史

一、茶百戏的释义

茶百戏又称"分茶""水丹青"等,是历史上盛行于闽北武夷山一带的传统文化,其特点就是仅用茶和水为原料就能在茶汤表面幻变出文字和图案。

"茶百戏"的典籍依据源于北宋陶穀《清异录》之《荈茗录》,文中记载:"茶百戏 茶至唐始盛。近世有下汤运匕,别施妙诀,使汤纹水脉成物象者,禽兽虫鱼花草之属,纤巧如画,但须臾即就散灭。此茶之变也,时人谓之茶百戏。"此处明确记载了"下汤运匕"(注汤和用茶勺搅动)是茶百戏规定的方法,图案的形成靠"汤纹水脉"幻变,古人称"此茶之变也"。其中,单独注汤能形成文字和抽象的图案,而"运匕"能使茶汤幻变的禽兽虫鱼花草等图案"纤巧如画",生动形象而具体,但最终图案因无法保留而消散。

关于宋代的"分茶",古籍描述较多,宋代杨万里在《澹庵坐上观显上人分茶》中记载:"银瓶首下仍尻高,注汤作字势嫖姚。"诗中明确记载采用注汤的方法使茶汤纹脉幻变出文字。著名语言学家、辞书学家蒋礼鸿先生也认为分茶指用沸水(汤)冲(注)茶,使茶乳幻变成图形或字迹。[①]关于"水丹青"也是指注汤幻茶,使茶汤表面幻变出文字和图案的技艺,陶穀在"生成盏"中记述:"馔茶而幻出物象于汤面者,茶匠通神之艺也。沙门福全,生于金乡,长于茶海,能注汤幻茶成一句诗,并点四瓯,共一绝句,泛乎汤表。小小物类,唾手办耳。檀越日造门求观汤戏。全自咏曰:'生成盏里水丹青,巧画工夫学不成,却笑当时陆鸿渐,煎茶赢得好名声'。"

---

① 蒋礼鸿:《蒋礼鸿文集》(第四册),浙江教育出版社2001年版,第393~395页。

文中详细记载了福全"水丹青"的技艺。当然，关于古籍记载使茶乳幻变形成图案的描述还有许多。综上所述，古籍中描述的茶百戏、分茶、水丹青都是指通过注汤和茶勺搅动使茶汤幻变形成文字和图案的独特技艺。

河北宣化辽代张世卿墓壁画中"下汤运匕"的场面

直接注汤在绿茶汤表面幻变形成抽象的云

采用"下汤运匕"的方法在茶汤表面幻变形成生动形象的图案

二、茶百戏的特点

茶百戏作为珍贵的非物质文化遗产,是闽北民间活态的文化,蕴含了独特的文化基因,笔者根据多年研究,概括起来其主要有以下特点。

1. 材料独特

原料采用古法加工的团饼茶(研膏茶)碾细的茶粉,其图案依靠固态(茶粉)、液态(水)、气态(空气)形成茶汤悬浮液。茶百戏是古代唯一采用气态材料(气泡)形成独特图案的技艺。

2. 方法独特

"下汤运匕"(注汤和茶勺搅动)是古籍中有明确记载的方法。通过注汤和茶勺搅动使茶汤幻变图案是茶百戏的本质特征,陶穀称"此茶之变也"。当然,单独注汤可以幻变形成文字和一些简单抽象的图案;而"下汤运匕"便于幻变形成形象具体的图案。茶百戏不同于一般绘画手段,如咖啡拉花、国画等采用不同颜色叠加的方法。

3. 效果独特

茶百戏所形成的图案具灵动多变的特征,有一般绘画手段无法达到的艺术效果。根据陶穀记载,茶汤幻变的"禽兽虫鱼花草"等图案"纤巧如画",生动、形象而具体,具有极高的欣赏价值。同时,茶百戏具有灵动和变幻多次形成不同图案的独特艺术效果,而普通绘画大多不具备变幻多次形成不同图案的特性。茶百戏所形成的图案最终因无法保留而消散。

4. 功用独特

欣赏和品饮兼备。茶百戏是可以吃的字画。茶,从普通的饮品上升成供人欣赏的艺术品。

历史上,茶百戏受到皇帝和文人的推崇,是古代文人雅士斗茶的重要方式。将茶由饮品上升为艺术欣赏品,也是古代文人生活艺术化的具体写照。

乌龙茶汤幻变形成的云海

茶百戏伴随着点茶法的形成而产生。据目前的史料考证,点茶法在唐代中晚期已形成,故茶百戏也随之产生。早期对茶碗的茶汤中形成图案的描述多见于唐代的诗文。刘禹锡在《西山兰若试茶歌》中描述:"骤雨松声入鼎来,白云满碗花徘徊。"诗中刘禹锡生动地描述了茶汤中形成"白云"和"花"图案的情景。此外卢仝在《走笔谢孟谏议寄新茶》中写道:"碧云引风吹不断,白花浮光凝碗面。"皎然在《对陆迅饮天目山茶,因寄元居士晟》中记载:"投铛涌作沫,著碗聚生花。"这些都是诗人在茶碗的茶汤形成图案时的描述,说明茶百戏在唐代已初步形成。

宋代,茶百戏得到较大发展,这主要得益于朝廷以及大批文人、僧人、艺人的推崇。茶百戏已成为当时文人雅士时尚的一种文娱活动,并广泛运用于各种茶会和斗茶活动中。这在宋代的诗词等文学作品中有大量描写。其中,皇帝的推崇对茶百戏的推广起到很大作用。宋徽宗不仅撰《大观茶论》论述点茶,还亲自点茶、分茶,赐宴群臣。宋徽宗在《大观茶论》中论述:"……先须搅动茶膏,渐加击拂,手轻筅重,指绕腕旋,上下透彻,如酵蘗之起面。疏星皎月,粲然而生……"许多文人如陆游、李清照、杨万里、苏轼、史浩、王之道等都喜爱茶百戏,留下了许多描述茶百戏的诗文。陆游在《临安春雨初霁》中写道:"矮纸斜行闲作草,晴窗细乳戏分茶。"杨万里在《谢岳大用提举郎中寄茶果药物三首曰铸茶》中云:"松梢鼓吹汤翻鼎,瓯面云烟乳作花。"史浩《临江仙·忆昔来时双髻小》词中有"春笋惯分茶"之句。女词人李清照在《满庭芳》中写有"生香熏袖,活火分茶",在《摊破浣溪沙·病起萧萧两鬓华》中还有"豆蔻连梢煎熟水,莫分茶"等描述分茶的诗文。此外,王之道有《西江月·和董令升燕宴分茶》,等等。由于朝廷和大批文人、僧人、艺人的大力推崇,宋代的分茶活动非常普及,男女老幼都会分茶,分茶文化空前鼎盛。

元代后由于点茶和斗茶不再盛行,茶百戏也开始逐渐衰落,但仍有文人雅士喜爱。关汉卿套曲《一枝花·不伏老》中有"花中消遣,酒内忘忧;分茶攧竹,打马藏阄"。这说明当时分茶仍是文人喜欢的娱乐活动。

明清后泡茶法逐渐取代了点茶法,点茶法不占主流,但仍有分茶流传。

明代张辂在《赠陈士宁》中有"佳人雪藕供微醉，童子分茶坐晚凉"。明代文徵明在《暮春二首 其一》中有"老怯麦秋犹拥褐，病逢谷雨喜分茶"。清代文学家高鹗在《茶》中写道："瓦铫煮春雪，淡香生古瓷。晴窗分乳后，寒夜客来时。"晚清词人蒋春霖在《渡江云》中云："半窗松影碎，小语分茶，日暖唤青禽。"近代，我们尚未发现茶百戏流传的翔实资料。

（南宋）刘松年《撵茶图》

四、古代有关点茶的论著

茶百戏（分茶）的基础是点茶法，点茶、分茶在宋代由于受朝廷和大批文人、僧人等的大力推崇而十分盛行，出现了有关点茶、分茶的方法和有关器皿的许多论著，其中以宋徽宗赵佶的《大观茶论》、蔡襄的《茶录》和南宋审安老人的《茶具图赞》较具代表性。

宋徽宗赵佶（1082—1135年）既是宋代的皇帝，又是著名的艺术家，对点茶、分茶情有独钟。《大观茶论》是赵佶关于点茶的专著，成书于大观元年（1107年）。全书共二十篇，对北宋时期点茶原料——蒸青团茶——的产地、采制、加工以及方法均有详细记述。皇帝的热衷带来了宋代点茶和茶百戏空前的发展。

蔡襄（1012—1067年），字君谟，原籍福建路兴化军仙游县（今福建省莆田市仙游县),宋代大臣和著名文人。其著《茶录》,作于宋皇佑(1049—1053 年)年间,是蔡襄有感于陆羽《茶经》"不第建安之品"而特地向皇帝推荐北苑贡茶之作。全书分为两篇,上篇论茶,对点茶方法进行了详细论述;下篇论器,详细论述了点茶、分茶所使用的器具。《茶录》是继陆羽《茶经》之后最具影响力的论茶专著。

　　《茶具图赞》是我国关于茶具的专著,绘制了宋代点茶、分茶使用的茶具,是第一部以图谱形式为主反映茶事的专著。该书作者南宋审安老人(真实姓名不详)于宋咸淳五年(1269 年)集宋代点茶、分茶用具知识之大成,以传统的白描画法绘制了宋代茶具 12 件,分别为茶炉、茶臼、茶碾、茶磨、水杓、茶罗、茶帚、盏托、茶盏、汤瓶、茶筅、茶巾,称之为"十二先生"。审安老人以拟人的手法为每一种茶具命名,并冠以宋代官职名,计有韦鸿胪、木待制、金法曹、石转运、胡员外、罗枢密、宗从事、漆雕秘阁、陶宝文、汤提点、竺副帅、司职方,形象贴切。茶具名经过作者的艺术加工,被赋予诗意,充分显示了作者隽思妙寓的智慧和深厚的文化底蕴。

　　此外,宋代丁谓的《北苑茶录》(《建安茶录》)、宋代赵汝砺的《北苑别录》、宋代熊蕃的《宣和北苑贡茶录》(《宣和贡茶经》)等文人的茶学专著中也记述了点茶、分茶原料(蒸青团饼茶)的采制和加工等内容。

　　除宋代外,明代也有论述点茶和器皿的书籍,如朱权的《茶谱》。朱权(1378—1448 年)是明太祖朱元璋之第十七子,晚号"臞仙",又号"涵虚子""丹丘先生",洪武二十四年(1391 年)被封为宁王。《茶谱》全书约2000 字,除绪论外,下分十六则,即品茶、收茶、点茶、熏香茶法、茶炉、茶灶、茶磨、茶碾、茶罗、茶架、茶匙、茶筅、茶瓯、茶瓶、煎汤法、品水。书中多有其独创之处。

《茶具图赞》中描述的茶罗

第二节　茶百戏与点茶、斗茶

一、茶百戏与点茶

茶百戏是使茶汤幻变图案的独特技艺。点茶是茶百戏的基础。点茶、茶百戏所用原料为采用特定方法生产的团饼茶碾细的茶粉，茶汤中图案的形成与点茶时茶汤的泡沫有密切的关系。点茶法形成于唐代中晚期，其特点是在茶盏中搅拌形成丰富泡沫，和唐代以前主流的煮茶法具有明显区别。唐代著名诗人白居易在《萧员外寄新蜀茶》中云："满瓯似乳堪持玩，况是春深酒渴人。"诗中描述的"满瓯似乳"就是点茶时在茶盏中搅拌形成似乳花般细腻的泡沫。另，唐代著名诗人元稹在《一字至七字诗》中描述的"铫煎黄蕊色，碗转曲尘花"生动记载了碗内搅拌茶汤形成的乳花。

刘松年《茗园赌市图》

山西汾阳金代王氏墓壁画中的点茶场面

到了宋代，点茶法已十分盛行，逐步取代了煮茶法，成为宋代人们饮茶的主要方式。"点茶"一词除了宋代茶学专著（《大观茶论》《茶录》等）论述外，还频繁出现于宋人笔记中。如宋袁文在《瓮中闲评》卷六载："古人客来点茶，客罢点汤，此常礼也。"这说明点茶是宋人的普遍待客之道。古代的点茶场面在河北宣化辽代张世卿墓壁画中有所体现，南宋刘松年的《茗园赌市图》图中有注汤、品饮和持瓶的场景，反映了宋代街头茶市的情景。

《大观茶论》是宋代皇帝赵佶关于点茶的论著，其中关于"点茶"的描述较为详细，其中记载"点茶不一。而调膏继刻，以汤注之"。这说明点茶时先要调膏和注汤。文章对搅拌描述较为详细，其中记载"手轻筅重，指绕腕旋，上下透彻"是搅拌较为适宜的方法，形成的泡沫丰富。同时《大观茶论》还描述了多次注汤（七汤）的方法和效果。总之，点茶就是用沸水冲点茶粉（古人称"曲尘"），并搅拌形成泡沫的过程。在点茶时，先要煎水，随后将团饼茶研细的茶粉放入茶盏，再加入少许沸水调匀成膏，接着再往茶盏中注入沸水，并再次搅拌，形成泡沫饮用。

点茶时需要用到三个较典型的器具，即茶瓶、茶筅、茶盏。为了便于在注汤时控制好水流，使落水点准确，于是古人选择注汤的专用工具——茶瓶。茶瓶又叫汤瓶、执壶、水注等。《大观茶论》关于瓶的描述如下："瓶宜金银，小大之制，惟所裁给。注汤害利，独瓶之口嘴而已。瓶之口差大而宛直，则注汤力紧而不散；嘴之末欲圆小而峻削，则用汤有节而不滴沥。盖汤力紧则发速有节，不滴沥，则茶面不破。"可见，茶瓶是利于控制水流便于注汤的器物，使注汤时"有节而不滴沥"，便于冲点。

注汤后为使茶粉与水、空气交融形成泡沫，需要使用搅拌茶汤的工具，这是点茶的核心工具。由于点茶法由煮茶法演变而成，早期人们搅拌茶汤时使用茶匙，随后用到竹策和茶筅等。蔡襄在《茶录》中就介绍了茶匙："茶匙要重，击拂有力。黄金为上，人间以银铁为之。竹者轻，建茶不取。"这说明用的茶匙要重，才能击拂有力，便于搅拌。梅尧臣《次韵和永叔尝新茶杂言》中"银瓶煎汤银梗打，粟粒铺面人惊嗟"说的是使用陶瓷汤瓶煎汤，使用银梗搅拌，使得茶汤的表面形成小米粒般的泡沫。宋代丁谓在《煎茶》诗中写道："花随僧箸破，云逐客瓯圆。"该诗描述了使用竹策（类似筷子样的工具）搅拌茶汤的情景。

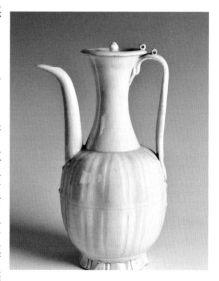

宋代青瓷瓜形水注

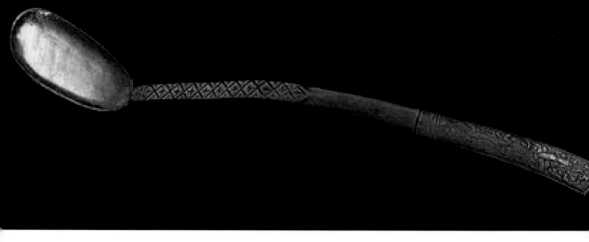

唐鎏金飞鸿纹银匙

　　由于使用茶匙、竹策等工具要使茶汤搅拌出泡沫较为费力，到了北宋后期人们又发明了茶筅。茶筅又称"竹筅"，是点茶的专用工具，在《大观茶论》里有详细记载，并频繁出现在诗文里。南宋的《茶具图赞》把茶筅作为典型的搅拌工具加以收录，名之曰"竹副帅"。许多文人都有描写茶筅的生动诗句。宋代韩驹在《谢人寄茶筅子》中云："立玉干云百尺高，晚年何事困铅刀。看君眉宇真龙种，犹解横身战雪涛。"宋代释德洪在《空印以新茶见饷》中写道："要看雪乳急停筅，旋碾玉尘深住汤。"元代诗人谢宗可在赞美茶筅的作品《茶筅》中写道："此君一节莹无暇，夜听松风漱玉华。万缕引风归蟹眼，半瓶飞雪起龙芽。香凝翠发云生脚，湿满苍髯浪卷花。"诗人生动地描写了竹筅击拂时形成的景象。茶筅的出现更容易搅拌茶汤使之形成丰富的泡沫，开辟了点茶的新时代，也为分茶的形成和发展奠定了良好的基础。

宣化辽墓壁画中的茶筅

茶筅搅拌形成的茶汤泡沫

二、茶百戏与斗茶

斗茶是评比茶叶品质和比试品饮技艺的一种活动，自古以来茶百戏就和斗茶有密切联系。斗茶伴随点茶、分茶的产生而逐渐兴盛。

唐代中晚期点茶和分茶已初步形成，而斗茶也随之产生。到了宋代，点茶、分茶十分盛行，斗茶也得到很大推广。唐庚在《斗茶记》中写道："政和二年（1112 年）三月壬戌，二三君子相与斗茶于寄傲斋。予为取龙塘水烹之，而第其品。以某为上，某次之。"这说明宋人的斗茶常常是相约三五知己，各取所藏好茶，比试技艺和茶品，决出名次，以分高下的一种活动。

斗茶内容因分茶技艺而丰富。

宋代斗茶最基本的方法就是点茶法，其比试的基本内容主要有两方面：一是茶色，即饼茶和碾细的茶粉的色泽；二是汤花，即指汤面泛起的泡沫的效果。决定汤花好坏又有两个最基本的方面：泡沫的色泽和泡沫保持的时间长短。宋人斗茶，泡沫颜色以白为上。由于此法非常盛行，故斗茶广泛出现在文人诗词中。梅尧臣在《次韵和永叔尝新茶杂言》中云："东溪北苑供御余，王家叶家长白牙。造成小饼若带銙，斗浮斗色倾夷华。"范仲淹在《酬李光化见寄二首 其二》中云："石鼎斗茶浮乳白，海螺行酒滟波红。"而比试茶汤泡沫保留时间更为关键，这直接关系到点茶原料（团饼茶）的质量和点茶技巧好坏。质量好的茶汤泡沫持久，还会吸附在盏壁上经久不散，古人称之为"咬盏"，而云脚是快露出水痕前常出现的现象，"云脚"和"水痕"都是宋人斗茶常用的术语。宋代梅尧臣在《次韵和再拜》中云："建溪茗株成大树，颇殊楚越所种茶。先春喊山掐白萼，亦异鸟觜蜀客夸。烹新斗硬要咬盏，不同饮酒争画蛇。"林希逸在《用珍字韵谢吴帅分惠乃弟山泉所寄庐山新茗一首》中云："云脚似浮庐瀑雪，水痕堪斗建溪春。"

两个兔毫盏　显现水痕和没有水痕

斗茶比试茶汤色泽

茶汤泡沫吸附在盏壁——咬盏

云脚

　　而高手斗茶除了以上内容外，常比试泡沫变幻出的图案效果，也就是比试分茶技艺的高低。这极大地丰富了斗茶的内涵，使斗茶活动更具游艺性，深受皇帝、文人、僧人和艺人推崇。宋徽宗在《宫词 其八十二》中云："上春精择建溪芽，携向芸窗力斗茶。"由于分茶是需要高超水平的技艺，便于竞技，极大地提高了斗茶的艺术性和娱乐性，故宋代斗茶活动十分兴盛。

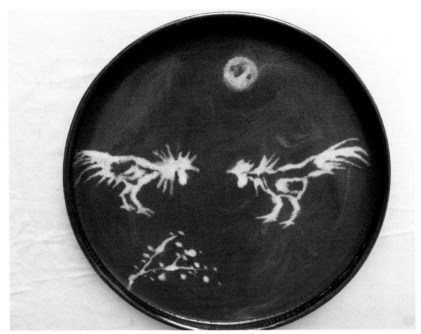

红茶汤显现的斗鸡图

分茶技艺通过斗茶活动得到提高和推广。

宋人的斗茶主要是比试技艺和茶品的活动，要在斗茶中胜出，除了要有品质好的茶原料（团饼茶），还要有独特的技能。分茶技艺要达到陶穀描述的"禽兽虫鱼花草之属，纤巧如画"的级别需要较高水平。斗茶活动可以使分茶技艺得到较好的推广和提高。

宋徽宗和大批文人善于用分茶技艺开展斗茶，使斗茶更具竞技性、欣赏性和娱乐性。宋徽宗是艺术造诣较高的帝王，对斗茶颇为讲究，常召集大臣比试点茶、分茶技艺，还亲自点茶、分茶赐宴群臣。蔡京在《延福宫曲宴记》写道："宣和二年十二月癸巳，召宰执亲王等曲宴于延福宫，……上命近侍取茶具，亲手注汤击拂，少顷白乳浮盏面，如疏星淡月，顾诸臣曰：此自布茶。饮毕皆顿首谢。"这段话描写宋徽宗以其精湛的分茶技艺和大家比试，通过斗茶娱乐消遣。宋代葛长庚在《沁园春》中写道："斗茗分香，脱禅衣夹，回首清明上巳临。"

斗茶伴随点茶、分茶的衰落而逐渐衰落。

元代后斗茶活动开始衰落。这主要是由于游牧民族粗犷豪放的性格和食肉饮乳的生活习惯，对精致儒雅的点茶和分茶技艺没有太多兴趣，点茶法和分茶技艺开始逐渐衰落。虽然元代后斗茶开始衰落，但元、明到清代还有斗茶存在。元代洪希文在《品令试茶》中载："旋碾龙团试。要着盏无留腻。乔云献瑞，乳花斗巧，松风飘沸。"明代高启在《城西客舍送周著作砥》中云："夜窗炊黍散，春苑斗茶稀。"明代程嘉燧在《再过杭州访许成之同鲍溪父话旧》中记载："湖头城角雨如麻，宿酒残歌夜斗茶。"清代金农在《吉祥寺泉上十韵》中云："惜哉无名缁，绿尘斗茶莽。明朝续水缘，石鼎携松笾。"

和古代的斗茶相比，现代兴起的斗茶采用泡茶法，比试的内容主要是茶的品质和冲泡技艺，并不强调斗茶的艺术性，更侧重审评茶的品质。但随着点茶、茶百戏技艺的逐步恢复和普及，现代人又可重新领略这充满古风又独具艺术性和娱乐性的斗茶盛况。

绿茶汤幻变的茶百戏图：模糊且消散快，斗茶中难于取胜

绿茶汤显现的图案

三、日本茶道和中国点茶法

茶百戏的基础是点茶法，而日本茶道是现今保留中国古代点茶基本

特征(搅拌并饮用茶汤泡沫)的茶文化,因此学习探寻日本茶道对于研究中国的点茶法和茶百戏具有重要意义。日本茶道主要分为抹茶道和煎茶道,其中抹茶道采用点茶法,也称"茶之汤"。日本抹茶道是由日本僧人在宋代学习中国的点茶法后传入日本,随后融入禅宗思想和日本文化,经漫长时期逐渐演变形成的。

点茶法的传入

公元 805 年,日本的最澄禅师从中国带回茶种,并在近江阪本(现在的滋贺县)日吉神社旁种植,从此日本开始种植、生产茶叶。公元 1168 年和 1187 年,荣西禅师先后两次到中国,求学于临济宗(佛教禅宗五家之一,公元 854 年义玄禅师在河北正定创立临济寺),同时进行茶学研究。回国时,荣西禅师将大量茶种和佛经带回日本,创立了日本临济宗,被奉为始祖,并在佛教中大力推行"供茶"礼仪,传播点茶法,饮茶之风再次盛行。因此,在日本,荣西禅师被人们尊为日本茶道的"茶祖"。公元 1211 年荣西禅师所著《吃茶养生记》初稿完成,该书极力宣扬饮茶益寿延年。南宋端平二年(1235 年)圣一国师(圆尔辨圆)到浙江余杭径山寺苦修佛学和种茶、制茶技艺,回国后在静冈县种茶并传播径山寺的点茶法及茶宴仪式。24年后(1259 年),日本东福寺南浦昭明禅师来到浙江省余杭县的径山寺求学取经,学习了该寺院的茶宴仪式,将中国的点茶工具带回日本,并传播中国的点茶法和茶宴礼仪。日本《类聚名物考》对此有明确记载:"茶道之起,在正元中筑前崇福寺开山南浦昭明由宋传入。"日本《本朝高僧传》也有"南浦昭明由宋归国,把茶台子、茶道具一式带到崇福寺"的记述。

日本的斗茶

日本南北朝时代(1336—1392 年),斗茶由品茶转变成区别茶的品种和评比器皿。由于斗茶内容适合当时的武士阶层,故得以大力推广。当时,日本常举行盛大的斗茶会,茶会以赌博、斗茶和品尝山珍海味为主。所谓的斗茶其主要内容是竞相比较所拥有的珍贵茶器,当然这些茶器许多都来自中国。这时的斗茶是一种享乐性的娱乐活动。

日本茶道的形成

室町幕府时代 (1336—1573 年)，饮茶习惯已经普及到庶民，艺术家能阿弥创立了"书院式""台子式"新茶风，这对日本茶道的形成有重大影响。他介绍村田珠光担任义政将军的茶师，得到义政将军大力扶持。村田珠光禅师制定了第一部品茶法，将禅宗思想融入点茶过程之中，使品茶变成茶道。同时村田珠光禅师将点茶工具进行改变，将原本高级的漆台以竹台代替，将原本象牙做的茶杓以竹子代替，而原本从中国进口的陶器则用日本土产的茶碗来代替，如此力求简洁的茶之汤，后世称作"草庵茶"。随后，对茶道起承前启后作用的茶匠武野绍鸥将歌道引入茶道，对村田珠光茶道进行全面的改进和发展，进一步使日本茶道民族化和本土化。室町末期，茶道大师千利休创立利休流草庵风茶法，将日本文化各个方面融入茶道之中，将茶道推向顶峰，风靡日本，被称为日本"茶道天下第一人"。由于千利休的威望影响到当时的当权者丰臣秀吉将军，丰臣秀吉借口平乱，令千利休切腹自杀。千利休死后，其后人承其衣钵，出现了以"表千家""里千家""武者小路千家"为代表的日本茶道流派。

日本茶道和中国茶道的区别

虽然日本茶道由中国的点茶法演变形成，但由于日本茶道和中国茶道经历了不同的发展过程，所以两者具有较大的区别。首先，茶道的内涵不同。日本茶道是以禅宗思想为主导，点茶只是外在表现形式，日本茶道还融入了日本国民的精神和思想意识。日本茶道以"和、敬、清、寂"为宗旨，讲究"茶禅一味"，追求禅宗的静寂之美。而中国茶道以儒家思想为核心，融儒、道、佛为一体，三者之间互相补充，使中国茶道的内涵非常丰富，通过饮茶贯彻儒家的礼、义、仁、德等道德观念及中庸和谐的精神。其次，两国茶道的规则不同。日本茶道规则严谨；中国茶道更强调自然。日本抹茶道通过点茶的形式融入禅宗思想，提倡空寂之中求得心物如一的清寂之美。中国茶道由饮茶上升为精神活动，与道教追求静清无为的神仙世界有渊源关系。作为艺术层面的中国茶道更强调自然美，人们在茶道过程中体会愉悦和放松，正如宋徽宗在《大观茶论》中所倡导的"致清导和"韵高致静"的境界。以宋徽宗为代表的皇室贵族和文人推崇的分茶技艺更是将茶道的自然美发挥得淋漓尽致,是宋人生活艺术化的具体写照。再次,茶道的表现形式不同。日本茶道有严谨的礼仪规范,主客之间、客人之间都有不同的礼仪要求,茶道演示的各过程中都有严格的礼仪规范。更有甚者,日本茶道还有人对物行礼之说。而中国茶道更注重的是品茗和欣赏,没有过多规定性的礼仪规范来约束人们品茶的过程。茶百戏技艺的恢复,使中国茶道表现形式更加丰富,通过茶汤幻变山水花鸟,将茶道由品饮过程上升到较高的艺术欣赏过程,便于寄托人们的思想和感情。

日本茶道和中国点茶法的区别

日本抹茶道和中国宋代的茶艺都采用点茶法,都需用竹笼搅拌茶汤,但经过时代变迁两者在器具和方法上都有较大区别。首先是原料不同。中国点茶原料为团饼茶,而日本茶道采用蒸青后碾细的抹茶。其次是器具和方法上有较大区别。日本茶道演示不再沿用宋代饼茶加工所用的茶磨、茶碾、茶罗等工具和演示过程,增加了帛巾等茶具和演示过程。同时在注水工具上,宋代点茶法注汤要采用专用工具——茶瓶,而日本抹茶道不用茶瓶注汤,改用柄勺舀水到茶碗中,等等。

第三节 茶百戏和闽北的渊源

宋代闽北武夷山一带作为点茶原料(团饼茶)和点茶器具(建盏)的重要产地,茶百戏十分盛行。

首先,茶百戏是根植于闽北武夷山一带的民间技艺,是闽北人娱乐消遣的重要方式。南宋地理学家周去非在《岭外代答》中记载:"夫建宁名茶所出,俗亦雅尚,无不尚分茶者。"这说明当时在闽北一带分茶(茶百戏)十分盛行。南宋著名诗人、道士白玉蟾将武夷山作为他主要的修炼之地,在武夷山设有著名道观止止庵。他在《风台遣心三首》中记载:"数时长病酒,今日且分茶。"他在《晓醒追思夜来句四首其二》中载:"越样月明浑不夜,个般天气好分茶。"福建路安抚使王之望(1102—1170 年)喜分茶,在《满庭芳》中记载:"建溪初贡新芽……一碗分云饮露,尘凡尽,斗牛何赊。"诗词描述了在闽北武夷山一带分茶的情景。宋建安人(今闽北建瓯)徐集孙在《寄怀里中诸社友》中记载:"何时岁老梅花下,石鼎分茶共煮冰。"闽北浦城县令曾丰也喜爱分茶,在《中都邂逅新崇德宰范纯之为同馆着语赠别》中记载:"乘时长得意,毋忘夜分茶。"他通过分茶表达内心的喜悦之情。杨万里喜欢分茶,在《陈蹇叔郎中出闽漕别送新茶李圣俞郎中出手分似》诗中写道:"头纲别样建溪春,小璧苍龙浪得名……鹧斑碗面云萦宇,兔褐瓯心雪作泓。"诗文生动地描写了闽北用建茶、建盏演示分茶的情景。强至在《谢通判国博惠建茶》写道:"建溪奇品远莫致……拆封碾破苍玉片,云脚浮动瓯生光。"这段话描写了用建茶分茶时盏内形成云脚浮动的景象。陆游是分茶能手,诗作中常有分茶的描述,在建州(今建瓯)时亦留下了描写用兔毫盏点茶、分茶的诗:"绿地毫瓯雪花乳,不妨也道入闽来。"苏轼的茶诗中也多处写到闽北制茶、点茶和分茶的情景。他在《试院煎茶》中写道:"蟹眼已过鱼眼生,飕飕欲作松风鸣。蒙茸出磨细珠落,眩转绕瓯飞雪轻。"描写了在闽北点茶、分茶的情景。另外在释惠洪、王安中、王庭珪、袁燮等人的诗文中都有闽北点茶、分茶的描述。

宋代武夷山一带作为理学文化中心,茶百戏也得到理学家的推崇。南宋理学家崇安(武夷山市旧称)人刘子翚喜爱点茶、分茶,在《分茶公美子应预为白晒之约》诗中云:"梦里壶山寻二妙,不因荔子鬓丝华。聊分茗碗应年例,故有筠笼来海涯。"南宋著名理学家朱熹父亲朱松也喜爱分茶,在《答卓民表送茶》诗中云:"搅云飞雪一番新,谁念幽人尚食陈。仿佛三生玉川子,破除千饼建溪春。"

《仕女品茗图》章志峰作

其次，宋代闽北武夷山一带盛行的斗茶活动客观上促进了茶百戏的推广。斗茶是宋代盛行于闽北武夷山一带的民间活动，其方法采用点茶法，比试的内容主要有比较茶汤泡沫持续时间和茶汤显现图案的效果。茶百戏的基础是点茶法，点茶效果好坏直接关系到茶百戏的显现效果。闽北斗茶以水痕出现迟早为胜负标志。蔡襄在《茶录》中记述："建安斗试以水痕先者为负，耐久者为胜。"宋代文人晁补之也有关于闽北斗茶的记载："建安一水去两水，相较是如泾与渭？"苏轼在《和蒋夔寄茶》中云："临风饱食甘寝罢，一瓯花乳浮轻圆……沙溪北苑强分别，水脚一线争谁先。"

宋代王圭在《和公仪饮茶》中写道："北焙和香饮最真，绿芽未雨带旗新……云叠乱花争一水，凤团双影负先春。"著名诗人、道士白玉蟾（名葛长庚）擅长分茶，也喜斗茶，在《冥鸿阁即事四首其四》中云："睡云正美俄惊起，且唤诗僧与斗茶。"《沁园春》中云："斗茗分香，脱禅衣夹，回首清明上已临。"大量史料表明，当时闽北一带盛行斗茶，斗茶之盛行也促进了闽北分茶的开展和技艺的提高。描写宋代闽北斗茶场面的作品以范仲淹的《和章岷从事斗茶歌》较具代表性，这首斗茶歌生动地描绘了北宋武夷山斗茶的盛况，诗中的分茶高手章岷也是闽北浦城县临江人。

再次，朝廷和文人点茶、分茶推崇使用闽北的建茶和建盏（闽北建窑兔毫盏），客观上促进了闽北一带分茶的盛行。宋徽宗的《大观茶论》和蔡襄的《茶录》是关于点茶、分茶的专著，书中推崇使用建茶和建盏。蔡襄在《茶录》中推荐建茶称："惟'北苑凤凰山'（建瓯地名）连属诸焙所产者味佳。"他还特地推荐建窑生产的兔毫盏，指出："茶色白，宜黑盏，'建安所造者绀黑，纹如兔毫'，其坯微厚，烧之久热难冷，最为要用。出他处者，或薄或色紫，皆不及也。"这说明闽北建安一带的兔毫盏备受推崇，特别适合点茶、分茶。另外，宋代许多文人点茶、分茶也十分推崇使用建茶和建盏。杨万里、陶谷、陆游、李清照等大批文人留下了许多赞赏闽北建茶、建盏的诗文。陆游喜分茶，也喜建茶，在《陆游全集》中涉及茶事诗词达320首之多，大部分与建茶有关。他对北苑茶、武夷茶、壑源茶多次品尝，留下不少有关建茶的绝妙诗句，如"建溪官茶天下绝""隆兴第一壑源春"等。陆游在《烹茶》中写道："兔瓯试玉尘，香色两超胜。"葛长庚在《水调歌头·咏茶》中说道："枪旗争展，建溪春色占先魁……放下兔毫瓯子，滋味舌头回。"林正大在《意难忘·括山谷煎茶赋》中云："投美剂,与和同。雪满兔瓯溶。"宋代释德洪在《与客啜茶戏成》中写道:"金鼎浪翻螃蟹眼,玉瓯绞刷鹧鸪斑。"此外,在梅尧臣、宋子安、沈括、王安石、欧阳修、苏轼、秦观、黄庭坚等一大批文人学士在文学作品中对建茶和建盏也大加赞美。他们的宣传,既促进了闽北建茶、建盏的生产,也促进了闽北分茶的普及和发展。

元、明两代闽北武夷山一带仍有分茶流传。

元代后由于点茶法逐渐被泡茶法取代,分茶不再盛行,但闽北武夷山一带仍有点茶、分茶流传。元代诗人许有壬在《咏酒兰膏次恕斋韵》中写道:"混浊黄中云乳乱,鹧鸪斑底蜡香浮。"该诗描写了在武夷山点茶、分茶的情景。元代崇安人刘说道在《咏头春贡茶》诗中云:"灵芽得春先,龙焙收奇芬。进入蓬莱宫,翠瓯生白云。"明代崇安人邱云霄在《酬蓝茶仙见寄先春》中记载:"品落龙团翠,香翻蟹眼花。"这说明元、明代武夷山仍制作团茶,并有茶百戏流传。

清代闽北武夷山一带仍有点茶法流传。

清代朱彝尊在《御茶园歌》中记载:"小团硬饼捣为雪,牛潼马乳倾成膏。"作者描述了武夷山当时制作点茶原料团饼茶的过程。另据李卷在《茶洞作武夷茶歌》中记载:"碧瓯引满时独酌,……乳花香泛清虚味,旗枪浮绿压醍醐。"该诗描述了点茶后,搅拌茶汤形成白色的乳花或醍醐的情景。这说明当时武夷山仍有点茶法流传。

乌龙茶汤幻变的茶百戏图:《江南水乡》章业成作

第四节 茶百戏的复活之路

由于点茶法早已淡出人们的视野，在茶百戏恢复重现之前，人们对点茶、茶百戏的认识存在许多误区，茶百戏的恢复历程就是一个用科学实践不断纠错和探索真理的过程。正如我的恩师叶延庠教授所言：在茶百戏恢复重现之前，没有茶百戏的专家，科学实践是唯一揭秘途径。茶百戏的恢复历经二十多年风雨，期间遭受无数次的失败，直到2009年茶百戏才再次走入我们的生活。

大学里和茶百戏结缘

了解茶百戏是个偶然的机会，我1980—1984年就读于福建农业大学茶学专业（当时称福建农学院茶叶专业）。大学期间我到图书馆查阅资料时无意中看到了陶毂《清异录》中有关"茶百戏"的记载，当时就对茶汤能形成图案感到很惊奇，又觉得不可思议，于是就问了许多老师，老师也没有明确告诉我这是怎么回事。后来问了指导老师叶延庠教授，他告诉我这一文化早已消失，可能和古代的茶文化（点茶法）有关。然而点茶法在中国早已消失，要了解它只有从日本茶道中寻找线索。

日语提供了帮助

我在大学里公共外语选择日语，这也为我后来去日本留学和交流创造了有利条件。大学里经过两年日语学习后，我可以借助字典阅读日文版的农业资料。我经常会到图书馆去借阅一些日文版的资料，对日本的花道和茶道很感兴趣。大学时代对日本的花道和茶道知识的学习为我后来到日本研修茶道打下了基础。

从典籍资料入手

为探寻茶百戏，我毕业后首先从典籍资料收集入手，毕业后的十多年来从几万首诗文中收集和点茶、茶百戏相关的资料，同时对资料进行分类整理和分析。由于点茶文化的消失，过去人们对点茶、茶百戏认识模糊，存在许多误区。如一些学者认为点茶的特点就是"冲点、点注"，也有人认为点茶就是"乳化"，也有人说，用泡茶法得到的茶汤，搅拌形成泡沫也是点茶，斗茶时水痕总是先出现于盏壁上，等等，通过大量实践发现，这些对点茶的认识既违背历史，又违反基本科学原理，都是错误的。

为了探究茶百戏，我也进行一些尝试性实验研究，但都失败了。后来我到各地查阅资料，阅读了范仲淹的《和章岷从事斗茶歌》，这首诗生动地描绘了北宋武夷山斗茶的盛况；再通过查阅相关资料得知，诗中的"斗茶"描述的是闽北武夷山一带的茶文化活动，而斗茶高手章岷还是闽北浦城县临江人，是章氏前辈。这不由得引起我的极大兴趣，感到茶百戏就在身边，关键是如何去唤醒。

为了考证茶百戏在历史上是否真实存在，首先要了解一下陶穀其人和其著作的真实性。陶穀（903—970年），《宋史》卷二六九有传，本姓唐，字秀实，邠州新平（今陕西彬县）人，北宋大臣。陶穀早年历仕后晋、后汉、后周，曾先后担任单州判官、著作佐郎、监察御史、户部侍郎、兵部侍郎、吏部侍郎等官职。北宋建立后，陶穀出任礼部尚书，后又历任刑部尚书、户部尚书。"茶百戏""生成盏"等都记载于《清异录》六卷中的《荈茗录》篇。这些都是真实存在，由此判断茶百戏是历史上民间流传的一种真实技艺，但要真实重现需要依靠科学实践。

茶百戏假说的分析

在茶百戏恢复前一些学者对茶百戏提出了一些假说，大致有如下几种。

其一，有人认为茶百戏就是直接注汤使茶粉幻变的图案。

其二，另有人认为茶百戏是两种不同颜色茶汤叠加构成的图案，也就是一般图案构成基本要素：一种底色上添加另一种颜色构成图案。

其三，也有人认为茶百戏只是注汤形成的抽象图案。

其四，还有一些人将茶百戏误解，认为其有千百种随意玩法。

茶百戏研究充满疑惑，只有通过科学实践揭秘茶百戏。

日本茶道的启发

　　点茶是宋代的饮茶方式，为了探寻点茶法我试图从日本茶道中寻找线索。1997—1998年我被福建省对外友协选派到日本留学（研修）茶学和农业管理。这是个难逢的机会，到日本后我学习了日本蒸青绿茶的加工技术，同时也初步了解了日本茶道，但由于时间关系和条件所限没法对日本茶道作更多的研究。六年后，我得到了一次和日本茶道系统学习交流的机会。2004年我受外交部选派，作为中国首位茶学专业的国际交流员到日本长崎讲授中国茶文化。在日期间，我开展了中国茶文化讲座等丰富多彩的茶文化活动，受到当地各界欢迎，并受到日本茶道老师的邀请，给她们讲授中国茶文化。在和日本茶道老师交流中，我系统地学习了一年的日本茶道——里千家流，并就日本茶道的历史和点茶法与茶道老师进行深入交流。通过学习知道，日本茶道采用的也是点茶法，保存了点茶法的基本特征，即将茶汤搅拌形成泡沫饮用，但日本茶道和中国宋代的点茶法还是有较大区别。日本茶道是将中国传入的点茶法融入禅宗思想和日本文化，经漫长演变而形成。首先，使用的器皿和材料有较大变化。日本茶道不再沿用宋代的团饼茶，而是用特定工艺加工的抹茶，省略了炙茶、碾茶、罗茶等过程。同时，日本茶道不再使用中国古代点茶的专业工具——茶瓶——来注汤，改用敞口的釜煮水，用水勺舀水到碗中。但日本茶道保留了点茶的重要工具——竹筅，用于搅拌茶汤。

1997赴日留学，学习茶叶技术

2014年在日本学习日本茶道

尽管日本抹茶道和中国点茶法有较大的区别，但终究是点茶文化，保留了点茶的核心特征，即将茶粉和水搅拌成泡沫饮用。通过学习日本茶道和蒸青绿茶的加工技术，我从中得到一些启发，这为回国后对点茶、茶百戏的系统研究打下基础。

从原料加工到茶汤幻变

为了揭秘茶百戏，2005 年我回国后又重新开始研究试验。通过查阅大量古籍资料结合学习日本茶道的体会，我深信点茶和茶百戏在历史上是真实存在的，要想恢复它首先必须从原料着手，于是开始自筹资金，选择适合的茶园，对不同的茶树品种、栽培管理措施、采摘标准以及团饼茶制作和茶粉加工、点茶和分茶技巧进行数百次的对比试验。

红茶汤幻变的茶百戏图：
《比翼双飞》章志峰作

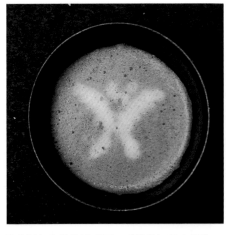

绿茶汤幻变的茶百戏图：《蝴蝶》章志峰作

经各种原料和技法的比较试验，2008 年，茶汤中已可显现图案。为了验证所恢复的茶百戏即是古籍中记载的茶百戏，根据詹老师建议，我们对恢复的茶百戏所采用的原料、方法、特征和古籍中的茶百戏进行一年的反复对比认证，确定了和古籍记载相同后，于 2009 年对外公布恢复茶百戏的消息，当年接受中央电视台采访。同时经过反复实践，2009 年后茶汤中显现的文字和图案稳定性逐步提高，保留时间由原来的几分钟延长到半小时甚至两小时。同时，我们突破了古代仅能用绿茶演示的局限，可以用红茶、黄茶、白茶、黑茶等其他茶类演示茶百戏，表现中国风格的山水花鸟图案和文字。

经过研发实验，茶百戏不仅可以显现图案，还实现了古籍描述的变幻特征，可以在同一茶汤中显现变幻多次，形成不同的图案。

点茶和茶百戏方法辨析

研究初期，实验中发现用泡茶法（散茶浸泡）的茶汤搅拌也可形成丰富泡沫，但所用原料方法以及茶汤成分均和古籍中的点茶法不符。古籍中原料是团饼茶碾细的茶粉（古称"曲尘"），现代泡茶法利用的是茶的水浸出物，两者的茶汤成分差别太大，失去古籍中点茶的特征，没有进一步研究的意义。早期在实践中我们发现，采用"注汤幻茶"，即用汤瓶直接注汤到茶汤悬浮液表面即可幻变出文字和一些简单或抽象的图案（在专利中有明确记载）。在 2008—2009 年，茶百戏恢复之初，我们常用此法，但表现图案受到局限，不如古籍描述中的图案形象生动。因此，2010 年后我们由直接注汤逐步过渡到用"下汤运匕"表现形象生动的图案。

乌龙茶汤幻变的茶百戏图：《奔》章志峰作

黑茶汤幻变的茶百戏图：《大嘴鸟》章志峰作

白茶汤幻变的茶百戏图：《跃》章志峰作

直接注汤在绿茶汤表面幻变形成抽象的云

通过"下汤运匕"使茶汤幻变形成形象的江南春色，章业成作

为了达到古籍中描述的几个要素，我们目前多采用的方法是下汤运匕，效果是汤纹水脉变幻（茶之变），结果是形成图案如"禽兽虫鱼花草之属，纤巧如画"，而不只是抽象的纹理变化。目前，茶百戏已采用"下汤运匕"方法幻变各种禽兽虫鱼花草和人物、山水自然景象，实现了水丹青的意境美、线条美和朦胧美。

为了对比茶百戏采用"下汤运匕"形成图案和采用不同颜色叠加形成的图案（模仿咖啡拉花）的不同效果，我们将对比图发布出来。由于采用叠加形成图案的方法和古籍中描述茶百戏的方法和特征不符，为了避免误会，我们很少采用。

近年来，仿冒者为了利益，常用仿西方咖啡拉花（不同颜色叠加）的方法画图冒充茶百戏，从本质上歪曲改变了非遗茶百戏幻变图案的本质特征。

丹青流插花和水丹青相映成趣

为提高观赏性，便于表现活动主题，茶百戏作品还可以和插花、盆景等其他景物配合，

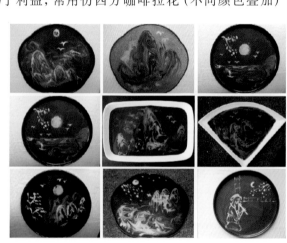

含有采用叠加方法形成的图案

乌龙茶汤幻变的蟹和菊花插花作品组合构成
主题：《秋韵》

竹和茶百戏图配置：
《青草池塘处处蛙》章业成作

构成立体的画面，表现更为丰富的内涵，如表现春天景象的"春江水暖"，表现秋天主题的"秋韵"。在各种主题活动中可以根据主题选择图景，如适用于婚庆的"龙凤呈祥""相伴一生"，适用于企业庆典的"马到成功"，适于表现生日主题的"松鹤延年"等。

科学认证茶百戏

2009 年恢复重现茶百戏后，武夷山市、南平市、福建省政府组织了专家组对茶百戏的古籍描述和科学原理进行严格审查和认证。2010 年 10 月茶百戏列入武夷山市非物质文化遗产，2013 年茶百戏相关技艺获得国家发明专利。2017 年 1 月茶百戏列入福建省非物质文化遗产。

如何解读我们恢复的茶百戏技艺就是古籍描述的茶百戏？

首先，古籍描述的茶百戏的三个本质特征全部具备。其一，古籍描述茶百戏的方法唯有"下汤运匕"，也就是加入透明的汤和用茶勺搅动来实现，我们也是采用这一方法。这也是茶百戏采用单一的茶原料区别于其他方式形成图案的唯一方法。其二，古籍描述茶汤呈现的现象是"使汤纹水脉成物象"，我们同样是注汤和用茶勺搅动使茶汤表面立即显现形成各种图案，直接注汤可形成各种抽象图案，用茶勺搅动便于形成"禽兽虫鱼花草"等较形象的图案，这是茶百戏恢复前人们感到最神奇的地方，古人将这一现象又称"幻变"。也就是陶谷在"生成盏"中记述："馔茶而幻出物象于汤面者，茶匠通神之艺也。"其三，图案不能保留，古籍描述"须臾即就散灭"。同样,我们采用注汤和用茶勺搅动后显现的图案无法保留,一会儿就消散。当然,不同茶类在不同温度下,图案消散速度有很大差别,快的几分钟,慢的可达几个小时。

其次,我们实现了同一茶汤中幻变多次形成不同图案的效果。宋代杨万里在《澹庵坐上观显上人分茶》中记载:"分茶何似煎茶好,煎茶不似分茶巧。蒸水老禅弄泉手,隆兴元春新玉爪。二者相遭兔瓯面,怪怪奇奇真善幻。纷如擘絮行太空,影落寒江能万变。"其中,杨万里明确记载了可以在同一茶汤中幻变多次形成不同图案的独特效果。如今这一记载得以实现。

再次,茶百戏的真实性得到科学验证。我们经二十多年潜心挖掘和大量试验发现茶汤只有形成稳定的悬浮液才具有幻变形成图案的特性。科学实践表明,茶汤中所含的各种有效成分(多酚类、多糖类、果胶、氨基酸、茶皂素等)是形成图案的基础。古籍中采用团饼加工技术既是保证图案形成的物质基础(原料),也是实现品饮价值(口感)的重要保证。

茶百戏的科学原理

2008 年茶百戏恢复之后,我们对茶百戏的原理进行进一步揭示。

(1)幻变图案是茶百戏的本质特征。所谓幻变即变化,是事物被另外的事物取代,出自《易经·乾卦》:"乾道变化,各正性命"。茶百戏的核心特征体现为"变",透明的水使茶汤从没有图案到"变"出图案,不像咖啡拉花是采用已知的两种颜色叠加(白色和咖啡色)。茶百戏茶汤显现的图案保留一段时间后会消散,茶汤图案从有到无。因此,陶榖在《荈茗录》中云:"此茶之变也,时人谓之茶百戏。"

(2)茶汤悬浮液是幻变图案的基础材料。我们研究发现,点茶的茶汤是由固体茶粉、液体的水和空气形成的三项合一的悬浮液,茶汤只有形成稳定的悬浮液才具备幻变图案的特征,其中气体材料(气泡)是茶百戏实现幻变图案的重要原因,茶百戏表现的图案都由气体颗粒(气泡)构成,这是茶百戏实现注汤幻变图案的重要条件。

(3)采用团饼茶(研膏茶)加工技术是为了获得稳定的悬浮液和实现良好口感的重要保障。这一技术在 2011 年申报专利技术时已公开。在古代，茶筅出现之前，人们用茶匙搅拌茶汤，对茶原料加工精益求精，才能获得稳定的悬浮液。

（4）"下汤运匕"是幻变图案的特定方法。其中，注汤是幻变的必要条件，运匕是形成生动具体图案的特定方法。单独注汤可形成一些简单抽象的图案和文字，在茶百戏恢复之初的2009—2010年我们常采用此方法。如我们2010年元旦在福州张天福茶话会上现场表演茶百戏时，就是通过注汤在茶盏中显现"吉祥"二字。2011年后我们将茶瓶注汤和茶勺搅动并用，便于表现更加生动具体的图案，随后发现单独用茶勺加水即可实现"下汤运匕"，表现生动图案。

（5）茶百戏可在同一茶汤中变幻多次，形成不同图案。经过研发实践，2010年茶百戏实现了古籍描述的变幻特征，可以在同一茶汤中变幻多次形成不同的图案。

（6）2011年为和茶百戏幻变图案不同效果进行对比，我们将不同颜色叠加形成的图案（仿咖啡拉花）发布于新浪茶百戏传承人的微博。由于采用叠加形成图案方法和古籍描述茶百戏方法和特征不符，为了避免误会，此后叠加方法很少采用。

茶百戏错误认知辨析

由于点茶法早已淡出人们的视野，所以大家对茶百戏自然存在许多错误认知，大致有如下几种。

其一，在茶百戏恢复之前，有的学者认为茶百戏就是直接注汤使茶粉幻变出图案。这一假说是对古籍描述的一些猜测，如陶穀在"生成盏"中记述："沙门福全生于金乡，长于茶海，能注汤幻茶，成一句诗。"于是，有些学者认为文中"注汤幻茶"的"茶"是指"茶粉"。为了证实这一点，笔者进行了大量实践和分析。科学实践表明：茶粉加水只会出现溶解、暂时漂浮、沉淀等现象。茶粉加水不可能会发生幻变图案的现象，少量的漂浮物也不会呈现"禽兽虫鱼花草"等生动图案，不具备欣赏性和美学效果，更不是什么"通神之艺"。因此，这一假说是错误的。

其二，另有人认为茶百戏是两种不同颜色茶汤叠加构成的图案，这是一般图案形成的方法。即在一种底色的茶汤上添加另一种颜色茶汤或茶粉构成图案。在大学时代初识茶百戏时,笔者曾想到此法并和叶老师交流过,都认为这一方法和古籍上茶百戏描述方法"下汤运匕"不符(古籍中没有在茶汤上添加其他有颜色物质的记载,而是注入透明的水,古籍记载的汤是热水),更不存在幻变图案的特征,因此不是古籍描述的茶百戏。这种方法类似于咖啡拉花的方法(在咖啡中添加白色的牛奶,或在白色的牛奶中添加咖啡),依靠现有两种不同颜色叠加做出图案,从根本上改变了茶百戏的本质特征(幻变图案)。

其三,认为茶百戏只是注汤使茶汤幻变出图案,否定"运匕",即运用茶勺搅动等方法使茶汤幻变出图案。这显然是违背陶穀在《荈茗录》中对"下汤运匕"的记载,也是错误的。实践表明单纯注汤只是使茶汤幻变出一些简单抽象的图案或文字,而要实现陶穀对茶百戏的记载"禽兽虫鱼花草之属,纤巧如画",必须"运匕"。

其四,认为茶汤上漂浮少量泡沫的现象是茶百戏。这就像水面上漂浮少量肥皂泡一般,既没有茶百戏所独具的幻变的特性,更没有任何美学效果,根本称不上茶百戏。

其五,还有一些人将茶百戏误解为有千百种随意玩法,这更是对茶百戏的曲解。"百戏"一词产生于汉代,《汉文帝纂要》载:"百戏起于秦汉曼衍之戏,技后乃有高絙、吞刀、履火、寻橦等也。"可见百戏是对民间诸技的泛称,而茶百戏只是其中的一种独特技艺,并不是千百种随意玩法。

第二章 茶百戏的重要价值和艺术特征

第一节 茶百戏的重要价值

茶百戏作为非物质文化遗产具有历史传承价值、科学认识价值、审美艺术价值、社会和谐价值等多方面的重要价值。

茶百戏的历史传承价值

茶百戏作为中华民族珍贵的非物质文化遗产，历史价值是其核心价值。幻变图案是茶百戏的本质特征，也是其独特的文化基因、精神特质。这一绘画手段不同于一般绘画采用不同颜色叠加的方法，它不仅改变了长期以来人们对图案形成都是由不同颜色叠加而成的认知，也拓展了艺术的表达手法和表达内涵。

从根源上来说，茶百戏是古人在长期的生产劳动、生活实践中积淀而成的思想精髓，也是古代文人雅士一种高雅的娱乐方式，具有重要的历史文化价值。茶百戏是活态的文化，茶百戏的恢复和传承有助于人们更真实、更全面、更接近本原地去认识已消失的饮茶方式（点茶法）的历史及文化。

由于茶百戏独特的艺术魅力受到皇帝和大批文人的推崇，很好地反映了古代文人雅士的审美情趣，是古代文人生活艺术化的真实写照。在茶百戏恢复重现以前，人们对于点茶文化的认识是模糊的，甚至可能是错误的，无法感受到其真实性和艺术魅力。茶百戏的恢复对于研究中国古代点茶、斗茶文化和艺术领域具有可挖掘的潜在价值。

茶百戏的科学认识价值

首先，茶百戏是中华民族在一个时期对茶的认知水平和创造力的原生态的反映。茶百戏使茶由单一的饮品上升为一种艺术欣赏品，是用固态、液体、气态三相合一的悬浮液进行绘画的一种独特方式，也是古代用气体的材料表现图案的唯一方式，对于现代人而言具有较高的科学认识和研究的价值。

其次，茶百戏的原料加工本身就具有较高的科学含量和内容。茶百戏是茶汤幻变图案的艺术，为了能达到欣赏和品饮兼备的效果，对原料加工十分严格。团饼茶加工技术反映出古人对茶的科学认识已达到相当高的水平。如《大观茶论》中指出："蒸压惟其宜，研膏惟熟，焙火惟良。"宋徽宗对建茶的加工技术给予很高评价："本朝之兴，岁修建溪之贡，龙团凤饼，名冠天下"，并对建茶品质特征进行评价："香、甘、重、滑，为味之全，唯北苑壑源之品兼之"。

茶百戏的审美艺术价值

茶百戏通过茶汤幻变形成图案，具有一般绘画手段无法达到的艺术效果。图案具有灵动多变的特征，同时可以在同一材料上变幻多次，形成不同图案，适于表现中华文化的意境美、线条美和朦胧美。茶百戏的恢复改变了长期以来人们对图案形成都是由不同颜色叠加而成的认知。

茶百戏的社会和谐价值

茶百戏作为民族优秀文化很好地起到了凝聚民心、讲究道德、弘扬正气的作用，促进社会和谐。

首先，茶百戏活动有助于促进社会认同、社会和谐。人类是群居的社会化动物，个体都有一个适应集体、融入社会的过程；个体接受了族群的独特文化，也就是对这个社会进行了价值认同，可以有效地融入社会。丰富多彩的茶百戏和斗茶活动有助于促进社会认同、社会和谐。

其次，茶百戏作品具有丰富的表现力，特别适于表达中华的文化元素，通过灵动的茶汤幻变的图案达到形成较强的视觉冲力的效果。茶百戏这些特性和手法适于表现中华传统美德，在当今社会，很需要倡导传统伦理道德，鼓励向善的个人美德。茶百戏作品中蕴含大量的传统伦理道德资源，生动的作品展示可以更好地宣扬传统美德，促进社会和谐。

茶百戏的经济价值

将茶百戏文化资源转化为文化生产力，能带来经济效益，促进茶百戏的保护和发展。茶百戏产品是可以吃的字画，兼备欣赏、娱乐、品饮和保健的多项功能，可满足当代社会人们对娱乐产品多元化的需求。

此外，茶百戏具有独特的保健功效。茶百戏采用点茶法，将茶汤连茶末一同供人饮用，较之现代的泡茶法，人体可获得更多不溶于水的营养成分，如蛋白质、多糖类、矿物质、纤维素等，具有其不可替代的保健功效。

茶百戏是欣赏品饮兼备的茶文化产品，茶百戏的传承和传播可促进地区茶产业和旅游事业的发展。

2017年，在"一带一路"中乌建交25周年庆典上展示茶百戏，并接受乌克兰电视台采访

乌龙茶汤显现的《拜师图》

茶百戏形成图案的材料采用了固体茶粉、液体的水和空气三相合一的悬浮液，其方法是依靠注汤和茶勺搅动使茶汤幻变图案，具有一般绘画手段不具备的独特艺术效果，茶汤具有流动、灵动和变幻多次的特征，适于表现其意境美、线条美和朦胧美。

茶百戏的意境美

茶百戏有自己独特的审美意境。由于茶汤具有易于消散的特点，故要求在较短时间内完成作品。所谓意境，是作者的情思与景物、生活画面的有机融合，是一种"情景交融""虚实相生"的境界。意境美在中国画和插花等各自艺术形态中广泛运用。茶百戏通过茶汤灵动的纹理和善于变化的特征来表现其独特的意境之美，具有别具一格的韵味。

红茶汤显现的茶百戏图：《相伴一生》章志峰作

黄茶汤显现的茶百戏图：《田园》章业成作

其一，茶百戏的意境美在于"画中有诗"。由于茶百戏作品（图案）易于消散，不能长久保留，故写意是茶百戏常用的表现方式。苏东坡在评王维的画时说："观摩诘之画，画中有诗。"茶百戏和中国画一样强调"画中有诗"的意境，实现茶汤显现图案的诗化、文学化的效果。茶百戏的诗化的特质，自古以来就受到宋徽宗和许多文人的推崇，在其表现技法上体现了古人对中国画精神的充分理解，是在融会贯通基础上的一次飞跃，实现了绘画材料从固态向液态、气态的拓展和升华。

"诗以言志"，"言志"便是抒情，茶百戏将茶文化与中国的绘画和诗歌融入作品中，实现"诗中有画"，"画中有诗"，这样极高的境界是外国诗歌及绘画所不具备的。

茶百戏的写意便是抒情，便是诗意，达到"情景交融"，这"景"，也就是意境。

其二，茶百戏的意境美在于"不似之似"。石涛认为：明暗高低远近，不似之似似之。不似之似是指作品能让人看出是某物，但又不绝对似

乌龙茶汤幻变的茶百戏图：《兰韵》馨兰作

乌龙茶汤显现的《明月千里寄相思》章志峰作

乌龙茶汤显现的茶百戏图：《韵律》章业成作

某物，透过作品看出作者的情怀和修养，使作品妙在似与不似之间。这"不似之似"是茶百戏要遵循的法则。由于茶汤易于消散的特点，茶百戏作品要在较短时间内完成，难以追求微细，茶百戏作品重点不只在有形，更要强调有意。"象中有意，意中有象"，"立象尽意"，象只是写实的，而追求"不似之似似之"。不似是手段，目的在"似"。黄宾虹说："不似之似，仍为真似。"齐白石指出："妙在似与不似之间"，"不似则欺世，太似则媚俗"。茶百戏所要表达的也是中国画家所要表达的这种思想。

其三，茶百戏的意境美在于"追求神似"，指主客观相统一，由事物的表象到意象的深化，即"神者形之用，形者神之质"。我们把现实中看到的具象的东西，在头脑中经过变形、加工，变成可以表达自己内心的感受，来寄托自己的情思。由于茶汤易于消散的特点，茶百戏作品不可能有很长的作画时间，因此更强调写意表现技法，不求形似，只求神似。作者所要表达的思想意境包含了自然的现象和自己的审美信息，将自己的思想融入其中，达到既超越于物，又超越自我，物我两忘的境界。

其四，茶百戏的意境美在于"人格化"。所谓人格化，即将本来不具备人的动作和感情的事物赋予人的动作和感情。茶百戏作品利用茶汤幻变的特征更适于把对象人格化，提高审美的意境。如在表现国画四君子时，我们以梅兰竹菊象征人们的崇高品格，或凌寒独自开，或幽谷自香，或冷艳傲霜。人们在生活体验中，总结出这些坚强刚毅的品格，从审美意义上来说，它不但已经超出现实美的范畴，而且也超出艺术美的范畴，上升到人生哲理的高度了。

同样茶百戏作品也赋予自然山川以人的品格，借物抒情，借景言志。由于人的品格不同，同一题材不同作者表现的茶百戏作品迥异。无论是怎样的信息，都是人对自身的观照，是自然生命和自我生命的升华。

其五，茶百戏的意境美在于气韵。南齐谢赫提出"气韵生动"这一概念后，"气韵"成为我国传统美学重要准则，这也是茶百戏作品所强调的艺术特征。"气"是指自然宇宙生生不息的生命力，"韵"指事物所具有的某种情态。气和韵都和"神"相关，故有"神韵"之说。艺术作品神形兼备，即为"气韵"。古人曾说过"在意不在象，在韵不在巧"。黄庭坚说："凡书画当观韵。"同样，茶百戏作品独特的艺术魅力也在于其表现的意境之高，气度之雅。"生动"就是生命的运动，"气韵"是这种生命在艺术中的表现形态，即韵味。宇宙间的一切事物，大至沧海桑田，斗转星移，寒来暑往，风雨晦明；小至花卉的枝分叶布，春华秋实，禽鸟的飞鸣栖止，无不符合自然的节律。它们的生命力就显现、表现在这种节律之中。茶百戏作品要以这种自然的节律为素材进行重新创造，升华为艺术中的节奏和韵律。好的茶百戏作品不仅能表现出这种"气韵"，还能从中表达作者的思想，让人产生和谐的美感。

其六，茶百戏的意境美寓于幻变之中。幻变效果是茶百戏有别于其他艺术形式的本质特征。宋代杨万里在《澹庵坐上观显上人分茶》中生动地描述了茶百戏的幻变效果："二者相遭兔瓯面，怪怪奇奇真善幻。纷如擘絮行太空，影落寒江能万变。"茶百戏作品是用茶汤显现字画的瞬间艺术，同一茶汤图案通过搅拌或保留一段时间后会消散，

同一茶汤显现的茶百戏图：《梅》

同一茶汤显现的茶百戏图：《兰》

同一茶汤显现的茶百戏图：《竹》

同一茶汤显现的茶百戏图：《菊》

但可以通过再次搅拌和注汤再现新的图案。如此反复多次可使同一茶汤变幻多次，形成不同图案。通过这种图案显现—消失—再显现的动态变化表现茶汤幻变的灵动之美。由于茶百戏的幻变效果是在仅用茶汤为原料不添加其他物质的情况下形成的，更增添了其幻变效果的神秘之感，显示了其独特魅力。如可以在同一茶汤中先后形成梅、兰、竹、菊四幅图案。

茶百戏的线条美

线条美是中华艺术的独特审美意识，中国画、书法、插花等中华艺术都十分强调线条美。线条美很早就出现在中国古代艺术中。现存年代最早的湖南长沙楚墓先后出土的《御龙升天图》和《龙凤人物》这两幅帛画，其共同的特点是以流利的、挺拔的线条为主要的表现形式，用墨线勾描，略施朱粉。茶百戏作品通过细腻和灵动的线条的变化和组合，赋予作品节奏和韵律，通过这些丰富多样、生动变化的线条语言，赋予茶汤独特的艺术内涵。

其一，茶百戏作品讲究构图中点、线、面的有机组合，通过线条的力度、速度以及和点、面的结合表达情感，赋予作品节奏感和韵律感。节奏是线条的强弱有规律地重现，韵律是作者用线时在情感上起伏运动的轨迹，线条的长短、粗细、繁简、疏密、浓淡、虚实、交错、顾盼、呼应等，形成了整幅画的节奏美和韵律美。

其二，茶百戏的艺术特点是用线表形、以形写神，不求形似，而求神似，充分运用对称、均衡、反复、重叠等手法，疏密有致、轻重适宜，在变化中寻求统一。例如表现人物时，只在显现出人物的姿态的特点，不注重人物各部的尺寸与比例。男子相貌奇古，身首不称。女子则娥眉樱唇，削肩细腰。茶百戏作品为了给人留下深刻的视觉印

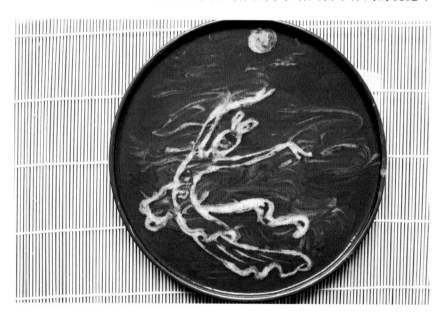

乌龙茶汤显现的茶百戏图：《嫦娥奔月》章志峰作

象，所以夸张表现人物的特点，使男子增雄伟，女子增纤丽，而充分表现其性格，故不用写实法而用象征法，不求形似，而求神似。茶百戏活动中对线条的作用远远超出了塑造形象的要求，成为作者表达意念、思想、情感的手段。

乌龙茶汤幻变的茶百戏图：《明月清风》章志峰作

其三，茶百戏通过线条的奇妙变化表达不同的韵味。茶百戏作品注重利用线条生动地表现对象的外部特征或内在气质，如有的庄重、典雅、崇高，有的活泼、轻松、流畅，有的刚健、挺拔、豪放，有的古朴、飘逸、洒脱，有的浑厚苍劲、抑扬顿挫、自然流露。

其四，茶百戏线条的表现有着它独特的装饰美。茶百戏同国画一样讲究线条和谐应用与排列，将纷繁杂乱、模糊抽象的物象规律化、条理化，具体化，通过"线条美"呈现高度概括、精炼、明确的程式化语言。正如著名画家齐白石将豪放、自如，遒劲、细辣的线条灵活

乌龙茶汤显现的茶百戏图：
《马到成功》章业成作

乌龙茶汤显现的茶百戏图：
《古兽》章志峰作

运用于画面，表现出凝练深沉与博大古朴的大师风范。

其五，茶百戏也讲究骨法。骨法是在对线条的运用上中国画与西方绘画的重要区别，即写意与写实的区别。茶百戏作品也讲究骨法运用，线条不仅是物象形体结构的轮廓边沿，而且自身还具有一种独立的审美价值。而西洋画的线条只有轮廓线的作用，自身很少有独立存在的审美价值。同时茶百戏用线条表现对象时，一般不受光的明暗变化的影响。

茶百戏的朦胧美

朦胧美是指美丽并不完全显露，形象模糊，可意会而不可言传的含蓄之美。

朦胧美是种特定的审美意境，可以诱发人的好奇心，激起人的探究心理，使人在似懂非懂中得到一种特殊的审美感受。茶百戏基于茶汤流动性和易于消散的特点，使得作品更适于表现朦胧美。首先茶百戏作品由于采用的材料是富于变幻的茶汤，故其显现的图案较为模糊，带有较强的朦胧感，同时其图案的消失过程就是一种图案由清晰到模糊的变化过程。自然界中，水光山色的空蒙、月光下物体的模糊恍惚等自然界的朦胧之美都是茶百戏作品很好的素材。茶百戏作品的朦胧美常采用象征、隐喻等手法表现模糊、多义、抽象的物象，通过丰富的想象力进行猜测、推断，把握其真实的含义和内在的美。

红茶汤显现的茶百戏图：《霞光映山林》章业成作

第三章　茶百戏所用原料的加工

茶百戏所用的原料有特定的加工工艺，和现代一般的散茶加工技术有所不同。古代点茶、分茶所用原料主要为绿茶类，目前已发展到六大茶类。

根据史料记载，宋代团饼茶（绿茶类）的加工工序主要有采茶（采摘）、拣茶（分拣）、蒸芽（杀青）、榨茶（去茶汁）、研茶、造茶（造型）、过黄（烘干）等。

采茶（采摘）

绿茶类茶百戏所用原料要选择合适的茶树品种。采摘适度要求一芽一至二叶，未开面，芽头饱满。

古人云："采茶之法，须是侵晨，不可见日。茶芽肥润。见日则为阳气所薄，使芽之膏腴内耗，至受水而不鲜明。"采摘的茶要求芽头肥壮，日出前采摘为宜。

绿茶类采摘要求：一芽一至二叶

乌龙茶类采摘要求：开面

拣茶（分拣）

古时茶芽作为贡品分类较细，现在只需将过长的梗和过老的叶片和变色的茶芽剔除即可，关键在于采摘适度。

"茶有小芽，有中芽，有紫芽，有白合。小芽者，仅如针小，谓之水芽，是小芽中之最精者也。中芽，古谓之一枪一旗是也。紫芽，叶之紫者是也。白合，乃小芽有两叶抱而生者是也。凡茶以水芽为上，小芽次之，中芽又次之，紫芽、白合，皆所在不取。"

蒸芽（杀青）

杀青，时间掌握是关键，时间过长，则颜色变黄；时间过短，杀青不足，茶色变红。古人云："茶芽再四洗涤，取令洁净。然后入甑，候汤沸蒸之。过熟则色黄而味淡，不熟则色青易沉，而有草木之气。唯在得中为当也。"

榨茶（去茶汁）

古代用小榨去其水，大榨出其膏，但有失茶的自然滋味。实际操作中只需稍加压榨去除过多水分，便于研磨和造型。

"茶既熟，谓之'茶黄'。须淋数过（欲其冷也），方上小榨以去其水。又入大榨出其膏（水芽则以高压之，以其芽嫩故也）。先是包以布帛，束以竹皮，然后入大榨压之，至中夜，取出，揉匀。"

研茶

研茶即将茶放在瓦盆中用杵捣烂，要注意避免使用金属器皿，否则，茶易变色。

"研茶之具，以柯为杵，以瓦为盆，分团酌水，亦皆有数。"

造茶（造型）

入模压榨造型，主要是掌握好适当含水量，含水量宜偏少，以易成型和取出为度。水分过多则不易造型和取出，但也不宜太干，否则易散落。

过黄（烘干）

烘干不宜烈火，温度过高茶色变暗，以文火慢烘为宜。

古人云："茶之过黄，初入烈火焙之，次过沸汤（火监）之。凡如是者三，而后宿一火，至翌日遂过烟焙之火，不欲烈，烈则面炮而色黑。"

在传承古代用绿茶加工团饼茶技艺的基础上，目前发展到可以用红茶、白茶、黑茶、黄茶、乌龙茶等各茶类加工茶百戏原料团饼茶。其中乌龙茶的原料加工主要有采摘、萎凋、做青、蒸青、榨茶、研茶、造茶、烘干等主要工序。

烘干的茶百戏原料团饼茶

第四章 点茶和茶百戏演示工具

点茶和茶百戏的演示工具历经年代演变，但宋代较具有典型特征，我们以宋徽宗赵佶的《大观茶论》、蔡襄的《茶录》、南宋审安老人的《茶具图赞》以及古籍绘画作品为主要历史依据，综合古代诗文有关描述，同时考虑到现代演示的实际效果，整理了一套便于点茶演示的工具。

茶炉：煮水和烤炙饼茶之用。

茶钤：用于夹取饼茶，在文火上炙烤，多为金属制品。

茶臼：用于敲碎饼茶。

茶碾：用于将敲碎的饼茶碾细。蔡襄主张用银质或铁质的，也可用铜质的，但忌用生铁。

茶磨：用于将敲碎的饼茶碾细，材料多用青石，较之茶碾更便于碾磨。宋代审安老人将茶磨称之为"石转运""香屋隐君"。

茶罗：用于筛取碾磨过的茶粉，宋人要求茶罗以绝细为佳。

茶瓶：也称汤瓶、执壶、水注，主要用于注汤，瓶嘴细长，嘴之末较尖，要求便于控制水流，注汤准确。可为金属（古人多用金、银、铜）或陶瓷制品。

茶筅：用于搅拌（击拂）茶汤，竹质。

茶合：用于存放茶粉。

茶盏：用于盛放茶汤，并要求便于搅拌。宋人推荐用斗笠型黑釉盏（如建盏）、兔毫盏，壁厚利于保温，色黑便于显现茶汤泡沫颜色。

水盂：用于盛放冲洗过茶具的废水。

盏托：承接茶盏的茶具，便于放置茶盏，同时献茶时庄重典雅。

茶巾：用于擦拭茶具，辅助点茶。

茶勺：用于量取茶粉。

茶帚：用于扫集茶粉。

都蓝：用于盛放茶具的提篮。

其他设备

为配合点茶和茶百戏演示，除了上述茶具外还有其他辅助设施，主要有音响设施、茶席设施、插花、挂轴字画、服装等。这些设施都要和茶会主题协调，其中茶席插花在宋代多运用于正式场合（见于宋徽宗《文会图》），能较好体现季节感和茶会主题。我们根据古代文人的插花精神，创立了适用于茶事活动的丹青流插花，详见《丹青流——茶室插花》一书。

茶炉

茶臼

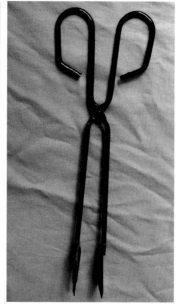

茶钤

茶碾

茶磨　　　　　　　　茶罗

茶瓶

茶筅	茶合
茶盏	水盂
盏托	茶巾
茶勺	茶帚

夏季茶席插花　章志峰作

都蓝^①

①都蓝是装各种小器具的篮子。

秋季茶室插花：《涂丹映碧空》馨兰作

第一节 茶百戏的基本操作过程

点茶是茶百戏操作的基础，只有通过点茶在茶汤中形成丰富泡沫，才能使茶汤幻变出各种图案，茶百戏其材料和方法都有别于一般的绘画手段，利用茶汤悬浮液采用"下汤运匕"的特征技法幻变出灵动多变的图案。

根据古籍记载，从团饼茶开始进行茶百戏的操作有"龙团化乳""注汤幻茶""运匕成像"等基本步骤。

龙团化乳

龙团化乳即将团饼茶碾细直到搅拌形成细腻茶汤悬浮液的过程。

炙茶：团饼茶易于吸潮，为了碾细，需要事先烤炙。

炙茶

碾茶：碾茶前先需将团饼茶捣碎，这时可用茶臼初步捣碎，也可用干净的纸包住团饼茶捶碎。碾茶的茶碾有金属和石质的。蔡襄主张用银质或铁质的。宋徽宗则主张用银质的最好，熟铁次之，忌用生铁铸造。同时宋代运用较多的是石质的磨，在审安老人《茶具图赞》中称其为"石转运"。

罗茶：将碾磨后的茶粉过筛称"罗茶"，宋代对茶的要求称

茶臼捣碎饼茶

茶磨碾茶

茶罗筛茶

"罗茶以绝细为佳"。按蔡襄《茶录》记载："罗细则茶浮，粗则水浮"，要求茶罗细而面紧，古人称罗底以"蜀东川鹅溪画绢之密者"为佳。

候汤：候汤即煮水。用提梁壶或茶瓶煮水，不便看到水沸腾时情景，主要靠声音来辨水温。古人将水温分为一沸、二沸、三沸，点茶以水煎至二沸略及三沸之时为佳。宋人李金南有诗云："砌虫唧唧万蝉催，忽有千车捆载来。听得松风并涧水，急呼缥色绿瓷杯。"说的是如满载而归的大车吱呀声起为二沸，如松林涛声已到三沸。

茶瓶煮水

烫盏：点茶之前先要烫盏，即将茶盏用开水冲涤，提高盏温，以利于点茶、分茶的进行。蔡襄认为"冷则茶不浮"，宋徽宗则认为"盏惟热，则茶发立耐久"。

点茶：点茶又分为调膏、注汤、击拂等过程。调膏是点茶的第一步，掌握好茶粉和水的比例，在茶粉中加入适量沸水调成均匀的茶膏，要求有胶质感。注汤在点茶中是分次进行的，注汤要求掌握好水流的落点和轻重，一般沿盏面环注。击拂是点茶中最为重要环节，要求指绕腕旋，上下透彻。古人先是用"银梗"，即银质匙子击打茶汤使之泛起汤花，后来又发明了专用的搅拌工具竹筅，可以快速使茶汤泛起丰富的泡沫。

	茶瓶注汤
烫盏	调膏
茶勺取茶粉	茶筅击拂

注汤幻茶

注汤幻茶指通过在茶汤悬浮液注汤幻变形成文字或一些抽象简单的图案，一般多用汤瓶直接注汤，2009 年至 2010 年茶百戏恢复之初常用此法。具体操作另有详细教程。

运匕成像

通过"下汤运匕"使茶汤幻变形成"禽兽虫鱼花草"等生动具体形象的图案。具体操作另有详细教程。

戏水分茶

第二节 点茶演示

点茶是茶百戏的基础，为传承和弘扬中华的点茶文化，在尊重历史的基础上，根据现实演示情况，作者经多年研究于 2009 年总结整理出这套便于演示的点茶程序。该程序艺术性地再现了点茶全过程。主要演示程序有：焚香净心、文烹龙团、臼碎圆月、石来运转、枢密罗茶、兔瓯出浴、曲尘出宫、茶瓶点冲、茶筅击拂等 16 道程序，下图为全套点茶演示程序。

焚香静心：焚点檀香，陶冶心境。诗人黄庭坚在《香之十德》一文中指出香能除去污秽，清静身心

文烹龙团：用文火烘烤饼茶，龙团是宋代闽北的重要贡茶

臼碎圆月：用茶臼捶碎饼茶。饼茶呈圆形，古人雅称"圆月"

石来运转：用茶磨将饼茶碾成细粉。茶磨，古人雅称"石转运"

从事拂茶：用茶帚扫集茶粉。茶帚古人雅称"宗从事""扫云溪友"

枢密罗茶：用茶罗筛取茶粉。茶罗，古人又称"罗枢密"，是筛茶的专用工具

曲尘入宫：将筛好的茶粉装入茶合。饼茶碾细的茶粉雅称″曲尘″″香尘″″玉尘″，是点茶的专用原料

茶筅沐淋：用沸水冲淋茶筅。茶筅是点茶的专用工具，雅称″雪涛公子″

兔瓯出浴：用沸水烫淋茶盏。宋人点茶推崇使用闽北建窑的兔毫盏，也称″兔瓯″

曲尘出宫：取茶粉加入茶盏

茶瓶点冲：用茶瓶冲点茶粉。茶瓶又称″汤瓶″″水注″，是点茶的专用工具

融胶初结：将茶粉加水调成膏状，古人称″融胶″

周回一线：环盏周注水，势不欲猛，急
注急止

茶筅击拂：用茶筅击拂茶汤，手轻筅重，
指绕腕转，上下透彻

持瓯献茶：将茶盏放入茶托献给来宾

注："曲尘入宫"后为"临泉听涛"，即煮水。宋人煮水靠声音辨水温，二沸至三沸最
为适宜。

第六章 文献和故事中的茶百戏

第一节 描写点茶、茶百戏的诗词

茶百戏是茶汤幻变图案的技艺，在古诗文中茶汤变幻景象还常被描述为"分云""分乳""云团"，等等。茶百戏始见于唐代，盛行于宋代，并一直延续到清代，在历代诗文中都有描述。本章摘录描写茶百戏有代表性的部分诗词并配茶百戏图，供参考。

一、唐代描写点茶、分茶的诗词

刘禹锡《西山兰若试茶歌》

山僧后檐茶数丛，春来映竹抽新茸。宛然为客振衣起，自傍芳丛摘鹰觜。斯须炒成满室香，便酌砌下金沙水。骤雨松声入鼎来，白云满碗花徘徊。悠扬喷鼻宿醒散，情峭彻骨烦襟开。阳崖阴岭各殊气，未若竹下莓苔地。炎帝虽尝未解煎，桐君有箓那知味，新芽连拳半未舒，自摘至煎俄顷馀，木兰沾露香微似，瑶草临波色不如，僧言灵味宜幽寂，采采翘英为嘉客。不辞缄封寄郡斋，砖井铜炉损标格，何况蒙山顾渚春，白泥赤印走风尘。欲知花乳清冷味，须是眠云跂石人。

注：这首诗描述在西山寺内饮茶的情况，寺僧者看到有贵客来，便去采来茶，制茶，随后烹点。诗中"白云满碗花徘徊"是对较早采用点茶法在茶碗中形成"白云"和 "花"等景象的具体描述。

人物简介：刘禹锡（772—842 年），唐代文学家、哲学家，字梦得，洛阳人；曾任太子宾客，世称"刘宾客"；与柳宗元并称"刘柳"；与白居易同称 "刘白"。贞元九年（793 年），刘禹锡擢进士第，登博学宏词科，从事淮南幕府，入为监察御史。

乌龙茶汤幻变的茶百戏图：《重山云海》

皎然《对陆迅饮天目山茶，因寄元居士晟》

喜见幽人会，初开野客茶。日成东井叶，露采北山芽。

文火香偏胜，寒泉味转嘉。投铛涌作沫，著碗聚生花。

稍与禅经近，聊将睡网赊。知君在天目，此意日无涯。

注：诗中"著碗聚生花"，即是对茶碗中茶汤纹脉形成景象的描述。

人物简介：皎然（730—799年），湖州人，俗姓谢，字清昼，是中国山水诗创始人谢灵运的后代，是唐代最有名的诗僧、茶僧，在文学、佛学、茶学等许多方面有深厚造诣，堪称一代宗师。

二、宋代描述分茶的诗词

朱敦儒《好事近·绿泛一瓯云》

绿泛一瓯云，留住欲飞胡蝶。

相对夜深花下，洗萧萧风月。

从容言笑醉还醒，争忍便轻别。

只愿主人留客，更重斟金叶。

注：诗中"瓯云"即为茶盏中茶汤显现云朵等景物的描述。

人物简介：朱敦儒（1081—1159年），字希真，洛阳人，宋代文人，历任兵部郎中、临安府通判、秘书郎、都官员外郎、两浙东路提点刑狱，致仕，居嘉禾。有词三卷，名《樵歌》。朱敦儒获得"词俊"之名，与"诗俊"陈与义等并称为"洛中八俊"。其词作语言流畅，清新自然。

绿茶汤显现的茶百戏图：《蝶恋花》

史铸《玉瓯菊》

化工施巧在秋葩，琢就圆模莹可嘉。

著底香心真蜡色，似留赏客欲分茶。

人物简介：史铸，字颜甫，号"愚斋"，山阴（今浙江绍兴）人，生平不详，晚年爱菊，有《百菊集谱》六卷，补遗一卷。

白玉蟾《风台遣心三首·其一》

青尽池边柳，红开槛外花。

数时长病酒，今日且分茶。

人物简介：白玉蟾（1194—？），名葛长庚，为白氏继子，故又名白玉蟾，字如晦、紫清、白叟，号"海琼子""海南翁""武夷散人""神霄散吏"，原籍闽清，南宋著名诗人、道士，有道教"南宗五祖"之称。武夷山是他主要的修炼之地。他在武夷山大王峰下设有著名道观止止庵。他能诗赋，幼聪慧，谱九经，能诗赋，长于书画，曾举童子科。

乌龙茶汤显现的茶百戏图：《冷蕊傲霜》

魏了翁《再和招鹤》

蓬莱云近绮疏明，鹤砌分茶午梦晴。

何似林间看不足，并呼鸥鹭狎齐盟。

乌龙茶汤幻变的茶百戏图：《兰韵》馨兰作

人物简介：魏了翁（1178—1237年），南宋学者，字华父，号"鹤山"，邛州蒲江（今属四川）人，庆元五年（1199年）进士，官至端明殿学士，能诗词，善属文，其词语意高旷，风格或清丽，或悲壮，著有《鹤山集》《九经要义》《古今考》《经史杂钞》《师友雅言》等，词有《鹤山长短句》。

郭祥正《谢君仪寄新茶二首 其一》

建溪春物早，正月有新茶。得自参军掾，分来居士家。

辗开鬟玉饼，汤溅白云花。一啜清魂魄，醇醪岂足夸。

诗中"汤溅白云花"是对注汤使茶汤幻变云花的生动描述。

项安世《休日过刘寺》

绿发萧萧变白头，二年京洛不堪愁。

雨天赐沐逢新斋，烟寺分茶得旧游。

古蔓巧当阴洞挂，惊泉逆上画檐流。

曲栏干外山如染，最是桥亭合小留。

人物简介：项安世（1129—1208年），字平父（一作平甫），号"平庵"，其先括苍（今浙江丽水）人，后家江陵（今属湖北），孝宗淳熙二年（1175年）进士，调绍兴府教授。时朱熹任浙东提举，相与讲理义之学，经朱熹荐为谏官。宁宗庆元元年（1195年），项安世出通判池州，移通判重庆府；开禧二年（1206年）起知鄂州，迁户部员外郎、湖广总领；嘉定元年（1208年）卒。他著有《易玩辞》《项氏家说》《平庵悔稿》等。

红茶汤幻变的
《轻舟已过万重山》章业成作

乌龙茶汤幻变的茶百戏图：
《起舞弄清影》 章业成作

李清照《摊破浣溪沙·病起萧萧两鬓华》

病起萧萧两鬓华。卧看残月上窗纱。豆蔻连梢煎熟水，莫分茶。

枕上诗书闲处好，门前风景雨来佳。终日向人多藉藉，木犀花。

注："豆蔻连梢"是指豆蔻这种植物连枝生，豆蔻是药物。"熟水"是宋人常用饮料之一。"豆蔻连梢煎熟水，莫分茶。"这里说明主人公仍在病中，豆蔻煎煮熟水，不要分茶。

王之道《西江月·和董令升燕宴分茶》

磨急锯霏琼屑，汤鸣车转羊肠。一杯聊解水仙浆。七日狂醒顿爽。

指点红裙劝坐，招呼岩桂分香。看花不觉酒浮筋。醉倒宁辞鼠量。

注：董令升，其人不详。

磨急锯霏琼屑：将绿茶碾成粉末，状如玉屑。

汤鸣车转羊肠：煎茶时发出的声响，如车转羊肠小道。

水仙浆：水仙茶。

红裙：指美女。

岩桂：即木樨、桂花。

人物简介：王之道（1093—1169年）字彦猷，庐州濡须人，善文，明白晓畅，诗亦真朴有致，宣和六年（1124年）与兄之义弟之深同登进士第，著有《相山集》三十卷，《四库总目》载有《相山词》一卷，《文献通考》传于世。

王千秋《风流子·夜久烛光谙》

夜久烛花暗，仙翁醉、丰颊缕红霞。正三行钿袖，一声金缕，卷茵停舞，侧火分茶。笑盈盈，灭汤温翠碗，折印启缃纱。玉笋缓摇，云头初起，竹龙停战，雨脚微斜。

清风生两腋，尘埃尽，留白雪、长黄芽。解使芝眉长秀，潘鬓休华。想竹宫异日，衮衣寒夜，小团分赐，新样金花。还记玉麟春色，曾在仙家。

人物简介：王千秋，事迹不详，字锡老，号"审斋"，东平（今属山东）人，流寓金陵，晚年转徙湘湖间。词风清拔可喜，著有《审斋词》一卷。

黄庚《夏夜小酌》

小酌酬清兴，凭阑看日移。

分茶醒醉客，添灯了残棋。

萤影明桐井，蛙声出草池。

乌龙茶汤显现的《明月千里寄相思》
章志峰作

荒城江漏远，试问夜何其。

人物简介：黄庚，字星甫，天台（今属浙江）人，生于宋末，早年习举子业，以教馆为生，曾较长期客越中王英孙（竹所）、任月山家，卒年八十余。晚年黄庚曾自编其诗为《月屋漫稿》。

乌龙茶汤显现的茶百戏图《夏夜》
馨兰作

三、金、元代描述分茶的诗词

元　关汉卿〔南吕〕《一枝花·不伏老》（节选）

【梁州】我是个普天下郎君领袖，盖世界浪子班头。愿朱颜不改常依旧，花中消遣，酒内忘忧。分茶攧竹，打马藏阄；通五音六律滑熟，甚闲愁到我心头！

注：《不伏老》是首带有自述心志的著名套曲，气韵深沉，语势狂放。该曲历来为人传颂，被视为关汉卿散曲的代表之作。这首套曲作于其中年以后，当时由于元蒙贵族对汉族士人歧视，生活的颠簸和科举的废置，堵塞了文人的仕途，大部分知识分子怀才不遇，落到了"八娼九儒十丐"的地步。关汉卿却选择了自己独立的生活方式，能够突破"求仕""归隐"等传统文人生活模式。该套曲流露出他对黑暗现实的嘲谑和对自我存在价值的高扬，分茶也成为他暂时陶醉的一种娱乐活动。

人物生平：关汉卿，元代杂剧作家，是中国古代戏曲创作的代表人物，号"已斋"（一作"一斋"）、"已斋叟"，汉族，解州人（今山西省运城），也有说是祁州（今河北省安国市）伍仁村、大都（今北京市）人，与马致远、郑光祖、白朴并称为"元曲四大家"，位居"元曲四大家"之首。

金 董解元《西厢记》卷一

【仙吕调】【赏花时】（节选）西洛张生多俊雅，不在古人之下。苦爱诗书，素间琴画。德行文章没包弹，绰有赋名诗价。选甚嘲风咏月，擘阮分茶。

【正宫调】【应天长】（节选）僧齐辩掠得好清虚，有蒲团、禅几、经案、瓦香炉。窗间修竹影扶疏。围屏低矮，都画山水图。银瓶点嫩茶，啜罢烦渴涤除。

【仙吕调】【恋香衾】（节选）饭罢须臾却卓几，急令行者添茶。银瓶汤注，雪浪浮花。

注：在【仙吕调】【赏花时】中描述"选甚嘲风咏月，擘阮分茶"说明古人寄情抒怀，常用到分茶。在【正宫调】【应天长】中描述"银瓶点嫩茶"，指用茶瓶注汤点茶。在【仙吕调】【恋香衾】中记载"银瓶汤注，雪浪浮花"，指用茶瓶注汤，茶汤显现雪浪。

人物简介：董解元，金戏曲作家。其生卒年、月、字、号、籍贯均不详，约为金章宗（完颜璟）时人。他根据唐元稹的《莺莺传》创作长篇讲唱文学《西厢记诸宫调》，被世人称"董西厢"。

元末明初 陈谟《和云壑熟食日韵并 序别》（节选）

老树迷云叶，危墙上土花。榆烟新出火，谷雨早分茶。

四、明代描述分茶的诗词

文徵明《暮春二首·其一》

南风十日卷尘沙，吹落墙根几树花。

老怯麦秋犹拥褐，病逢谷雨喜分茶。

庭阴寂历梧桐转，帘影差池燕子斜。

不是地偏车马绝，市喧不到野人家。

人物简介：文徵明（1470—1559年），原名壁，字征明，后更字

绿茶汤显现的茶百戏图：
《春燕》馨兰作

徵仲，号"衡山""停云"，长洲（今江苏苏州）人，祖籍衡山，故号"衡山居士"。文徵明少时即享才名，与祝允明、唐寅、徐祯卿并称"吴中四才子"，十次应举均落第，直至54岁才受荐以贡生进京，待诏翰林院，57岁回归故里，潜心诗文书画，绘画上他与沈周共创"吴派"，又与沈周、唐寅、仇英并称"吴门四家"。书法上他与祝允明、王宠并誉为"吴中三家"。

孙绍祖《谒金门》

春雨足，香嫩枝头微绿。渭水清清寒漱玉，客来茶正熟。

午倦不堪重读，点就乳花飞瀑。七碗可人凉气肃，潇潇风助竹。

注：诗中"点就乳花飞瀑"描述了用点茶法使茶汤纹脉形成"飞瀑"等景物。

乌龙茶汤显现的茶百戏图：
《飞腾》章业成作

五、 清代描述分茶的诗词

高鹗《茶》

瓦铫煮春雪，淡香生古瓷。
晴窗分乳后，寒夜客来时。
漱齿浓消酒，浇胸清入诗。
樵夫与孤鹤，风味而偏宜。

注：诗中"分乳"，为古人对茶百戏（分茶）的常用描述，意即使茶乳分出深浅变化并形成各种景象。

乌龙茶汤显现的茶百戏图：
《松鹤延年》 章志峰作

人物简介：高鹗，（1758—约1815年），清代文学家，字云士，号"秋莆"，别号"红楼外史"。

周元晟《秋日沈飞霞以茶箬见惠》

别来何处卧烟霞，曲指频惊改岁华。

才乏运筹休借箸，病同消渴喜分茶。

千林欲落迎霜叶，三径将开冒雨花。

紫蟹浊醪堪共醉，独怜踪迹隔天涯。

蒋春霖《渡江云·燕泥衔杏雨》

燕泥衔杏雨，炉薰隐篆，朱户昼。半窗松影碎，小语分茶，日暖唤青禽。那不见、招手楼阴。空自踏、落花归去，消歇酒杯心。

沈吟。红墙几尺，远过蓬山，更难通鱼锦。换尽了，陌头柳色，愁满罗襟。梦中常订重逢约，甚隔帘，翻怕相寻。门又掩，碧桃一树春深。

人物简介：蒋春霖(1818—1868年)晚清词人，字鹿潭，江苏江阴人，后居扬州。咸丰中他曾官两淮盐大使，后遭罢官，一生潦倒；早年工诗，中年一意于词，与纳兰性德、项鸿祚有"清代三大词人"之称。

第二节　茶百戏人物故事

茶百戏在历史上受到朝廷和文人、僧人、艺人的喜爱，留下许多动人的故事，本章列举一些较典型的故事。

一、戏茶皇帝宋徽宗

一幅《芙蓉锦鸡图》，雍容贵气，细致而不奢靡，华丽而不炫耀。他自创瘦金体，花鸟画更是精美绝伦。他是天生的大玩家，包揽了艺术界的无数赞誉。他是艺术家，却特别喜欢玩茶，是历史上唯一写茶书的皇帝。他是宋徽宗（1082—1135年）赵佶，宋神宗十一子，是中

（宋）赵佶《芙蓉锦鸡图》

（宋）赵佶《文会图》

国宋朝第八位皇帝。他浑身的艺术才能，引领宋人生活的艺术化。

也许是纸上的功夫还无法满足这位皇帝对艺术的不断追求，茶百戏（茶汤幻变图案的独特技艺）独有的变幻图案的艺术效果引起他极大的兴趣。宋徽宗精于点茶、分茶（茶百戏），经常举办茶会，赐宴群臣。据蔡京《保和延福二记》记载："过翠翘燕阁诸处，赐茶全真殿，上亲御撇注赐出乳花盈面。臣等惶恐，前曰：'陛下略君臣夷等，为臣下烹调，震悸惶怖，岂敢啜？'上曰：'可少休。'"

这段话描述了宋徽宗为大臣点茶的故事。蔡京在《延福宫曲宴记》中记载："宣和二年十二月癸巳，召宰执亲王等，曲宴于延福宫……上命近侍取茶具，亲手注汤击拂。少顷，白乳浮盏，而如疏星淡月，顾群臣曰：'此是布茶。'饮毕，皆顿首谢。"这段话描述了宋徽宗亲自给大臣注汤击拂，让大臣欣赏他分茶的作品。

宋徽宗画的《文会图》描绘了北宋文人点茶分茶的美丽场景。画中亭台楼宇间，曲径通幽处。一座庭院内，杨柳修竹，绿影婆娑。外面尘世繁华，里面高山隐幽。一张贝雕黑漆方桌坐落在庭院之中，七八位文士，儒衣纶巾，他们围坐在桌边，或冥思，或攀谈，或聆听，或孤身独坐，纵观四周。

几位侍者穿梭其间，有的捧茶、倒水，有的煎水、点茶。旁边设有茶炉、茶箱，炉上放置茶瓶，远处石桌之上，横放着一张七弦瑶琴，桌上放置六瓶插花作品和茶点。

《文会图》是宋徽宗的代表作。茶百戏技艺在宋代由于受到皇帝和文人推崇，做到极致。画中的备茶场景，是宋代点茶的真实场面，也是宋代文人斗茶的生动写照，其画中人物神态各异，或坐或立，有动有静。据考证，图中瓷器145件，其中8件为黑釉白边台盏，52件白地蓝花瓷，85件泛黄白釉瓷。

由于皇帝的热衷，带来了宋时点茶和茶百戏空前的发展。平日间，这位皇帝也喜欢用斗茶消遣。赵佶在《宫词 其八十二》中云："上春精择建溪芽，携向芸窗力斗茶。点处未容分品格，捧瓯相近比琼花。"

二、文人与茶百戏

陆放翁的分茶情结

陆游（1125—1210 年），字务观，号"放翁"，越州山阴（今浙江省绍兴市）人，南宋爱国诗人，绍兴中应礼部试，为秦桧所黜，孝宗即位，赐进士出身；淳熙年间提举福建路常平茶事，三主武夷山冲佑观。陆游一生爱茶，尤其喜欢分茶。他当了十年茶官，有机会品尝天下名茶，在《陆游全集》中涉及茶事诗词达320首之多，是历代写茶诗词最多的诗人，诗词绝大部分与建茶有关，如"建溪官茶天下绝""隆兴第一壑源春"。

在其著名的《临安春雨初霁》中描述了用分茶消遣的情景："矮纸斜行闲作草，晴窗细乳戏分茶。"陆游的这首《临安春雨初霁》写于淳熙十三年(1186年)，此时他已六十二岁，在家乡山阴(今浙江绍兴)赋闲了五年。虽然他光复中原的壮志未衰，但偏安一隅的南宋朝廷却软弱、黑暗。这年春天，陆游被起用为严州知府，赴任之前到临安（今杭州）去觐见皇帝，住在西湖边上的客栈里等候召见，百无聊赖中以"戏分茶"（即用分茶娱乐消遣）与"闲作草"打发时光。可见分茶已成为诗人常玩的很有品位的文娱活动。

陆游平日常用点茶消遣，在《过湖上僧庵》中云："奇香炷罢云生岫，瑞茗分成乳泛杯。便恐从今往还熟，入门猿鸟不惊猜。"他在《堂中以大盆渍白莲花石菖蒲翛然无复暑意睡起》中写道："觉来隐几日初午，

乌龙茶汤显现的《暗香》 章业成作

碾就壑源分细乳。"该诗记载了用闽北壑源的团饼茶碾细分茶的情景。

陆游在《疏山东堂昼眠》诗中写道："饭饱眼欲闭，心闲身自安……吾儿解原梦，为我转云团。"该诗描述了陆游父子同玩分茶消遣的情景，别有一番情趣。陆游在七十六岁时，闲置在家，还常用分茶来打发时光，在《入梅》中写道："微雨轻云已入梅，石榴萱草一时开……墨试小螺看斗砚，茶分细乳玩毫杯……"该诗描述了诗人通过玩分茶聊过时日。

陆游分茶时多自己亲自碾茶，在《饭店碾茶戏作》诗云："江风吹雨暗衡门，手碾新芽破睡昏。小饼龙团供玉食，今年也到浣溪村。"小饼龙团是福建转运使蔡襄督造入贡的"上品龙茶"，陆游如今居然得赐分享，放翁感到十分高兴，所以碾茶时乘兴写下这首赞誉建茶的

诗。他在《开元寺小阁》中云："缓烧海南沉，细碾建溪春。"该诗描写了细碾闽北团饼茶的情景。

词人向子諲的分茶故事

红茶汤显现的茶百戏图：《笛声月影》馨兰作

向子諲（1085—1152年），字伯恭，临江军清江（今江西清江）人，宣和七年（1125年）以直秘阁为京畿转运副使，兼发运副使。向子諲倾慕白居易及苏轼的人品、文学，在文学创作上也深受其影响。《江北旧词》多是侑酒佐欢或戏赠侍女歌妓的小令，主要写男女离别相思和爱悦之情，风格绮艳、柔婉，多为"花间""尊前"的娱乐品，是地地道道的酒边词。

在一次朋友的酒会中，向子諲遇到一个叫赵总怜的妓女，会下棋，擅长分茶，也能喝酒。在大家喝得云山雾罩的时候，这个赵总怜坐到向子諲的怀中，手拿出一把绢扇，请他题词。向子諲起笔写成一首《浣溪沙》："赵总怜以扇头来乞词，戏有此赠。赵能着棋、写字、分茶、弹琴。艳赵倾燕花里仙。乌丝阑写永和年。有时闲弄醒心弦。茗碗分云微醉后，纹揪斜倚髻鬟偏。风流模样总堪怜。"

词中描写了赵总怜微醉后分茶的情景。

黑茶汤显现的茶百戏图《寒月》
章业成作

乌龙茶汤幻变的《茶禅一味》
章业成作

三、僧人与分茶

显上人：宋代杨万里的《澹庵坐上观显上人分茶》是关于宋代分茶较详细的描述，诗中记载的就是僧人分茶的情景，全诗词如下：

"分茶何似煎茶好，煎茶不似分茶巧。蒸水老禅弄泉手，隆兴元春新玉爪。二者相遭兔瓯面，怪怪奇奇真善幻。纷如擘絮行太空，影落寒江能万变。银瓶首下仍尻高，注汤作字势嫖姚。"

该诗详细描绘了作者观显上人分茶的情景，通过击拂、注汤，茶汤悬浮液幻变出各种奇特的画面，有如变化莫测的山水天空，或似劲疾洒脱的草书。这位显上人分茶，不但能使茶汤变幻出种种奇异的物象，还可使茶汤显现气势磅礴的文字，令人惊叹。

福全：陶穀在《荈茗录》"生成盏"中记述："馔茶而幻出物象于汤面者，茶匠通神之艺也。沙门福全生于金乡，长于茶海，能注汤幻茶，成一句诗，并点四瓯，共一绝句，泛乎汤表。小小物类，唾手办耳。檀越日造门求观汤戏。全自咏曰：'生成盏里水丹青，巧画工夫学不成，欲笑当时陆鸿渐，煎茶赢得好名声。'"陶穀记载的福全是佛门弟子，精通分茶，能同时点四瓯，幻成一绝句，对于幻变一些花草虫鱼之类，更是唾手可得，因此常有施主上门求观，颇有点自负，竟敢嘲笑起茶神陆羽来。

　　周密《武林旧事》卷第三"西湖游幸"中有一记载："淳熙间，寿皇以天下养，每奉德寿三殿，游幸湖山……歌妓舞鬟，严妆自炫，以待招呼者，谓之'水仙子'。至于吹弹、舞拍、杂剧、杂扮、撮弄、胜花、泥丸、鼓板、投壶、花弹、蹴鞠、分茶、弄水……不可指数，总谓之'赶趁人'，盖耳目不暇给焉。"这说明宋代分茶不仅受到朝廷和文人的推崇，在民间也十分普及，那时，杭州献演杂技的艺人"赶趁人"，也习得分茶的技艺，向游人当众表演。

　　历史上茶百戏除了在成人中广为流传外，在童子中也颇为流传。明代张辂在《赠陈士宁》中云："横溪别业锦云乡，红白莲花薜荔墙。百事不开心独静，孤云无着兴俱长。佳人雪藕供微醉，童子分茶坐晚凉。如此好怀谁解写，诗成还让孟襄阳。"

乌龙茶汤显现的茶百戏图：《捉迷藏》章志峰作

第七章　茶百戏作品欣赏

乌龙茶汤显现的《婷婷玉女峰》
章志峰作

黑茶汤显现茶百戏图《野望》

乌龙茶汤显现的茶百戏图《野渡》

茶百戏作品可表现山水、花鸟、人物和文字，本章选择有代表性的作品配古诗文，供大家欣赏。

一、山水风光

《二曲玉女峰》（宋）白玉蟾
插花临水一奇峰，玉骨冰肌处女容。
烟袂霞衣春带雨，云鬟雾鬓晓梳风。

《野望》（宋）翁卷
一天秋色冷晴湾，无数峰峦远近间。
闲上山来看野水，忽于水底见青山。

滁州西涧　（唐）韦应物
独怜幽草涧边生，上有黄鹂深树鸣。
春潮带雨晚来急，野渡无人舟自横。

二、禽兽虫鱼花草

《燕》（唐）李峤
天女伺辰至，玄衣澹碧空。

差池沐时雨，颉颃舞春风。

相贺雕阑侧，双飞翠幕中。

勿惊留爪去，犹冀误吴宫。

庭下幽花取次香，飞飞小蝶占年光。幽人为尔凭窗久，可爱深黄爱浅黄？

—— 陆游《蝶》

风摧体歪根犹正，雪压腰枝志更坚。

身负盛名常守节，胸怀虚谷暗浮烟。

——《咏竹》

连年有余（古代吉祥图）："莲"是"连"的谐音，"年"是"鲶"的谐音，"鱼"是"余"的谐音，连年有余是称颂富裕的祝贺之词。

龟鹤齐龄（古代吉祥图）：古人认为龟寿万年，鹤寿千岁，以两者作为长寿的代表，寓同享高寿之意。

喜上眉梢（古代吉祥图）：梅花枝头立两只喜鹊。古人认为鹊能报喜，故称喜鹊，两鹊寓双喜，梅谐眉音，寓意生活快乐。

流水嘉鱼跃，丛台舞凤惊。

——李峤《瑟》

鸟爱碧山远，鱼游沧海深。

——李白《留别王司马嵩》

呦呦山头鹿，毛角自媚好，渴饮涧底泉，饥啮林间草。

——陆游《山头鹿》

中国古代神话中，龙珠是龙的精华，两条龙对玉珠的争夺，象征着对美好生活的追求。

黑茶汤幻变的茶百戏图：《戏浪》章业成作

绿茶汤显现的茶百戏图：《双飞翠幕中》

乌龙茶汤的茶百戏图：《比翼双飞》馨兰作

萱草生堂阶，游子行天涯。慈母倚堂门，不见萱草花。

——孟郊《游子诗》

太平有象出自《汉书·王莽传》："天下太平，五谷成熟。"瓶与平同音。

吉祥图案常画象驮宝瓶，象是瑞兽，也比喻好景象，太平有象即天下太平、五谷丰登的意思。

谁言寸草心，报得三春晖。

——孟郊《游子吟》

接天莲叶无穷碧，映日荷花别样红。

——杨万里《晓出净慈寺送林子方》

语出《汉·曹操·对酒歌》："人耄耋，皆得以寿终。"耄耋指八十岁的老人，通常泛指年纪大的人。猫和耄同音，蝶和耋同音。

三、人物类

起舞弄清影，何似在人间 。

——苏轼《水调歌头》

草满池塘水满陂，山衔落日浸寒漪。

牧童归去横牛背，短笛无腔信口吹。

——雷震《村晚》

清明时节雨纷纷，路上行人欲断魂。 借问酒家何处有？牧童遥指杏花村。

——杜牧《清明》

大漠山如雪，燕山月似钩。何当金络脑，快走踏清秋。

——李贺的《马诗·大漠沙如雪》

草长莺飞二月天，拂堤杨柳醉春烟。

儿童散学归来早，忙趁东风放纸鸢。

——高鼎《村居》

乌龙茶汤显现茶百戏图：《高风亮节》
章志峰作

红茶汤显现的茶百戏图：《连年有鱼》
章志峰作

乌龙茶汤显现的茶百戏图:《龟鹤齐龄》　黄茶汤显现的茶百戏图：《追随》

黑茶汤显现的茶百戏图：《飞跃》

乌龙茶汤显现的茶百戏图：《喜上眉梢》章志峰作

黑茶汤显现的茶百戏图：《母子情深》

乌龙茶汤幻变的茶百戏图：《母爱》

乌龙茶显现的茶百戏图：《双龙戏珠》

乌龙茶汤幻变的茶百戏图：《毫盏》

乌龙茶汤幻变的茶百戏图：《太平有象》

乌龙茶汤显现的茶百戏图：《忘忧草》

红茶汤显现的茶百戏图：《鹏程万里》

乌龙茶汤显现的《荷趣》章志峰作

| 乌龙茶显现的茶百戏图：
《月光曲》 | 黑茶汤显现的茶百戏图：
《牧童遥指杏花村》 |
| 绿茶汤显现的茶百戏图：
《牧牛图》 | 乌龙茶汤显现的茶百戏图：
《出征》 |

乌龙茶汤幻变的文字：《水丹青》

乌龙茶汤显现的茶百戏图: 《纪昌学射》	红茶汤幻变的茶百戏图: 《金色童年》
乌龙茶汤显现的《拜师图》	乌龙茶汤幻变的文字: 《自在逍遥》

乌龙茶汤显现的文字：《茶禅一味》

附录 茶百戏的传承与传播

一、非遗法对茶百戏原真性保护的重要性

《中华人民共和国非物质文化遗产法》对非遗的原真性保护有明确规定，其中，第四条规定"保护非物质文化遗产，应当注重其真实性、整体性和传承性，有利于增强中华民族的文化认同，有利于维护国家统一和民族团结，有利于促进社会和谐和可持续发展"。第五条规定"使用非物质文化遗产，应当尊重其形式和内涵。禁止以歪曲、贬损等方式使用非物质文化遗产"。

什么是茶百戏的历史真实性？北宋陶穀在《荈茗录》中记载："茶百戏　茶至唐始盛。近世有下汤运匕，别施妙诀，使汤纹水脉成物象者，禽兽虫鱼花草之属，纤巧如画，但须臾即就散灭。此茶之变也，时人谓之茶百戏。"茶百戏的原材料只有团饼茶碾细的茶粉（古称"曲尘"）和水，典籍中明确记载了茶百戏的几个本质特征：

① 特定的方法是"下汤运匕"（注汤和茶勺搅动）；

② 特殊的效果，图案的形成是通过水的幻变，陶穀称"此茶之变也"，也只有茶汤悬浮液才具备幻变的特征；

③ 特定的产物是幻变的图案生动而形象，"禽兽虫鱼花草之属，纤巧如画"，并非是简单而抽象的图案；

④ 特定的结果是图案无法保留会消散。

这些特征就是茶百戏的历史真实性，也是茶百戏作为非遗文化所独有的文化基因。

茶百戏的恢复历程也是验证茶百戏历史记载真实性的过程。"下汤运匕"（注汤和茶勺搅动）使"汤纹水脉"幻变形成生动形象的图案是茶百戏的核心特征。根据《中华人民共和国非物质文化遗产法》的规定，茶百戏的核心特征是不允许改变的。尽管有人也提出为非遗注入新的活力，讲究创新，但创新必须在保护其核心特征的基础上进

行。如果茶百戏的核心特征改变，那么这一非遗文化就消失了，不存在了。物质文化遗产是固态的"文物"，而非物质文化遗产是活态的"文物"。文物不能随意改动，改了就不再具有历史认知价值，非物质文化遗产同样不能随意改动，改了同样不再具有历史认知价值。茶百戏的核心特征一旦消失，就失去了对古代点茶文化这段历史重要的认知价值，人们无法真实感受到古人是如何将茶由品饮上升为艺术欣赏品这一认知高度。

中国艺术研究院研究员苑利认为：尽管从总体来说，人类社会肯定是向前发展、不断进步的，包括对民间美术进行改编、再创作在内的文化创新，都可视为文明社会发展进步的一个重要标志，但是，这并不等于说负责国家级项目的非物质文化遗产传承人可以随意创新，非物质文化遗产项目可以随意创新。因为非物质文化遗产与普通的文化事项不同，它是历史的产物，它的最珍贵之处是它的历史认识价值。在非物质文化遗产急速消亡的今天，原汁原味地保护好这些饱含民族文化基因的非物质文化遗产，对于我们认识自己的历史，对于我们创造新文化、新艺术、新科学、新技术方面，都将发挥重要的作用。

苑利还指出："一个社会为了更好更快的发展，总会将人分为两个大类：一类专门负责保护传统的——如考古工作者、博物馆工作者、非物质文化遗产传承人及其非物质文化遗产保护工作者。他们的任务不是或主要不是'创新'，而是'守旧'，国家给他工资，给他荣誉的目的，就是让他们将这个民族最优秀的民族文化传统原汁原味地保护下来，传承下去。他们对传统的坚守越坚决越彻底越好；而另一部分人则专门负责'创新'，为社会的发展创造出更新更好的产品。"（文章摘自 2011 年 11 月 11 日 07：37 人民网－《人民日报》）

浙江省文化艺术研究院黄大同在《非物质文化遗产能否创新》一文中指出："在创新中保护非遗的后果是只创新、无保护，创新后的成果属于将来的非遗，而不是当下的传统遗存。今天非遗工作的核心任务是要保护好、传承好在当代社会中生存空间越来越小的原生态非遗，至于对其进行创新发展以满足人民群众与时俱进的文化需求问题，则是群众文化活动、专业艺术生产和文化市场开拓的工作目标。在政府的文化建设工作中，两者不能混为一谈，必须各司其职，分流对待。"
（摘自《民族艺术研究》2011 年 01 期）

我们不能因为图一时的利益迎合市场的需求就任意改变非遗茶百戏的核心特征，更不能以牺牲茶百戏的历史真实性为代价（如模仿咖啡拉花采用不同颜色叠加的方法充当茶百戏等）获取利益，这是《中华人民共和国非物质文化遗产法》明令禁止的。

二、专利法对于茶百戏正确传播的重要作用

非物质文化遗产是知识形态的精神产品，具有内在价值与使用价值。其次，非物质文化遗产具有创造性的特点，是一种智力创造成果。非物质文化遗产的智力成果属性决定了它适合于使用知识产权进行保护。由于非遗与知识产权客体的这些同质性及密切联系性，使得知识产权制度作为私权保护非遗的首选地位难以动摇，不可或缺。知识产权制度所遵循的利益平衡原则对于调节不同主体之间的利益分配有着独到的功用，并且其特有的激励机制有利于非物质文化遗产的传承与发展。目前我国新修订的《中华人民共和国专利法》还对非物质文化遗产的专利法部分做出了相应规定，还可以针对某种类型的非物质文化遗产制定专门的法律法规加以保护。

为了保护正确传播，避免非物质文化遗产被歪曲、贬损等，国家非常重视其知识产权保护，《中华人民共和国非物质文化遗产法》第四十四条第一款规定：使用非物质文化遗产涉及知识产权的，适用有关法律、行政法规的规定。目前，我国能为非遗保护工作提供帮助的现行法律主要有《中华人民共和国著作权法》《中华人民共和国专利法》和《中华人民共和国非物质文化遗产法》等。"对于文化遗产、传统技艺的知识产权保护，已经显得非常紧迫。"文化部原副部长王文章表示，要重视非物质文化遗产的知识产权保护。业界专家认为，加强专利保护不仅为传统技艺的传承提供了法律保障，也为非物质文化遗

产提升自身可持续发展能力、增强文化产业国际竞争力奠定了基础。

《中国知识产权报》2010年7月19日报道：我国第五个文化遗产日参展的9大类、近百个国家非物质文化遗产名录项目、300余件创作作品中，超过1/3已申请了国家专利。苏绣、云锦、玉雕、漆器等都被国务院列入首批国家级非物质文化遗产的"国宝"名单，许多项目在专利保护下走进了兴盛与发展的新时代。

茶百戏技艺于清代后几近失传，古籍只是定义了茶百戏的特征，并未详细说明其核心原理，依靠实事求是的实践方式将其恢复，其技艺对于现代人而言是全新的技术。在恢复重现之前的几十年来人们都做了许多探索和研究，却一直没有成功，史学界甚至怀疑其是否真实存在。笔者通过二十多年大量科学实验，用事实证明了茶百戏的真实存在，并纠正了过去对茶百戏的错误认识，茶百戏的研究过程耗费大量的劳动，是一种创造性成果。茶百戏技艺对于现代人而言具有新颖性、适用性、创造性等特点，适于使用知识产权进行保护。

三、茶百戏研发的历史进程

1．2009年对外公开茶百戏技艺恢复并接受中央电视台采访

2．2010年在《中国茶叶》《茶叶科学技术》上发表茶百戏论文

3．2010年10月茶百戏被列入武夷山市非物质文化遗产

4．2012年茶百戏项目被列入南平市非物质文化遗产

5．2013年1月茶百戏技艺获得国家发明专利局授权发明专利

6．2013年1月首部茶百戏著作《复活的千年茶艺——茶百戏》出版发行

7．2013年6月武夷山市中华茶百戏研究院正式成立

8．2016年9月中央领导贾庆林首次视察茶百戏

9．2017年茶百戏项目被列入福建省非物质文化遗产

10．2017年4月作为丝绸之路文化大使在"一带一路"中乌建交

25 周年庆典上展示茶百戏

　　茶百戏于 2009 年恢复以来受到大批专家学者的见证。自 2010 年起茶界泰斗百岁茶人张天福多次考察茶百戏，高度赞扬茶百戏的恢复，对茶百戏的传承发展寄予厚望。2010 元旦在张天福新年茶话会上张天福亲笔题词："点宋代分茶，传中华文化"，2011 年为首部茶百戏专著《复活的千年茶艺——茶百戏》写序，2017 年 1 月 108 岁的茶界泰斗张天福为茶百戏亲笔题词："茶百戏""茶戏传承"。自 2010 年起先后有茶学专家博士生导师刘勤晋教授，教育部茶学科组长安徽农业大学书记宛晓春教授，安徽农业大学茶学院院长江昌俊教授，福建农林大学叶乃兴教授，南京农业大学朱世桂教授、房婉萍教授，浙江大学王岳飞博士，武夷学院李远华教授，文化部非遗专家苑利教授、陈勤建教授、徐艺乙教授，加拿大阿尔伯塔大学茶文化专家白教授等中外十多所高校专家学者光临考察茶百戏，见证了这一千年文化再现的过程，对茶百戏恢复给予高度赞扬。茶学专家刘勤晋教授亲笔题词："弘扬我国传统茶文化，把分茶之戏发扬光大，传承创新"。文化部非遗专家亲笔题词："茶戏传人"。

2011 年茶界泰斗张天福考察茶百戏

2015 年 7 月安徽农业大学
宛晓春书记考察茶百戏

2013 年西南大学刘勤晋教授
光临体验茶百戏

2014 年文化部非遗专家苑利教授
一行考察茶百戏

茶百戏自 2009 年恢复以来，我们开展各种形式的传播活动，茶百戏已活态传承传播于国内外。

第一，利用网络进行宣传，先后设立了茶百戏百科、茶百戏传承人新浪博客和微博、茶百戏网易博客、腾讯茶百戏微博和茶百戏微信、茶百戏微信公众号，受到社会各界广泛的关注和支持，新浪微博粉丝很快超过两万人。武夷山市政府和其他的网站也开展系列茶百戏宣传报道，让社会对茶百戏有初步了解。

第二，通过媒体宣传。自 2009 年以来茶百戏接受了中央电视台、福建电视、天津卫视、湖南卫视、东南卫视、云南卫视、海峡卫视、台湾东森电视、台湾中天电视等省级以上媒体采访 25 次，同时《新华每日电讯》《香港文汇报》《汉语世界》《中国文化遗产报》《工人日报》《福建日报》等也先后开展系列报道。

第三，在大学开办茶百戏讲座。茶百戏传承人被武夷学院和南京理工大学聘为客座教授，先后给美国长青州立大学、浙江大学、中国农业大学、北京联合大学、南京理工大学、南京农业大学、福建农林大学、福州大学、南昌师范学院、武夷学院开展茶百戏讲座和体验活动，这一千年文化深受大学师生的喜爱。

第四，茶百戏传承人亲自授课开展专业培训，课程包括茶百戏以及茶百戏的基础——点茶法、适用于茶席和茶百戏作品配置的丹青流插花、日本茶道（中日点茶文化对比学习）。目前已培养国内外三百多名学员。

第五，给国内外访茶团组讲授茶百戏。先后给全国各地以及美国、日本、加拿大、瑞典、澳大利亚、马来西亚、泰国等三十多个国家的访茶团组讲授茶百戏，并请其体验茶百戏。

第六，在国内外各种重要活动中展示茶百戏，先后参加"一带一路"中乌建交 25 周年庆典、文化部优秀传统文化论坛、全国非物质文化遗产展、农业部非遗展、海峡两岸文博会、世界禅茶文化节、吴觉农茶学思想研讨会等各种重要活动，展示宣传千年文化茶百戏。

2009 年 4 月中央电视台采访茶百戏

2012 年 1 月接受湖南卫视采访，演示茶百戏

2017 年 108 岁茶界泰斗张天福考察茶百戏
后亲笔留言

2012 年 6 月给浙江大学茶学专业的同学
讲授茶百戏

2015 年 9 月给北京联合大学的同学
传授茶百戏技艺

2014 年 7 月给欧洲代表团讲授演示茶百戏

2017 年 4 月，在"一带一路"中乌建交 25
周年庆典上展示茶百戏

后记

　　茶百戏是依靠气体材料幻变图案的一项独特技艺，自 2009 年对外公布以来一直受到社会各界的关注。茶百戏的研发历程就是一个用科学和事实不断纠错的历程。随着研究的深入，本书在原著基础上进行补充和完善。

　　本书在编写过程中承蒙西南大学刘勤晋教授，中国艺术研究院苑利教授，南京农业大学朱世桂教授，福建农林大学叶乃兴教授、孙云教授，武夷学院李远华教授、徐舒郁先生以及社会各界朋友的指导和支持，在此一并表示感谢！

章志峰　章业成
2018 年 6 月于武夷山市中华茶百戏研究院